中华人民共和国行业标准

公路建设项目环境影响评价规范

Specifications for Environmental Impact Assessment of Highway

JTG B03—2006

主编单位:交通部公路科学研究院
批准部门:中华人民共和国交通部
实施日期:2006 年 05 月 01 日

人民交通出版社股份有限公司

图书在版编目（CIP）数据

公路建设项目环境影响评价规范：JTG B03—2006/
交通部公路科学研究院主编. --北京：人民交通出版社
股份有限公司，2017.5
　　ISBN 978-7- 114-13373-2

　　Ⅰ.①公…　Ⅱ.①交…　Ⅲ.①道路工程—基本建设项
目—环境影响—环境质量评价—规范—中国　Ⅳ.
①X820. 3-65

中国版本图书馆 CIP 数据核字（2016）第 237334 号

标准类型：中华人民共和国行业标准
标准名称：公路建设项目环境影响评价规范
标准编号：JTG B03—2006
主编单位：交通部公路科学研究院
出版发行：人民交通出版社股份有限公司
地　　　址：（100011）北京市朝阳区安定门外外馆斜街 3 号
网　　　址：http://www.ccpress.com.cn
销售电话：（010）59757973
总 经 销：人民交通出版社股份有限公司发行部
经　　　销：各地新华书店
印　　　刷：北京市密东印刷有限公司
开　　　本：880×1230　1/16
印　　　张：6
字　　　数：126 千
版　　　次：2017 年 5 月　第 1 版
印　　　次：2021 年 1 月　第 2 次印刷
书　　　号：ISBN 978-7-114-13373-2
定　　　价：40. 00 元
（有印刷、装订质量问题的图书，由本公司负责调换）

中华人民共和国交通部

公　告

2006 年第 5 号

关于公布《公路建设项目环境影响评价规范》（JTG　B03—2006）的公告

现公布《公路建设项目环境影响评价规范》（JTG B03—2006），自 2006 年 5 月 1 日起施行，原《公路建设项目环境影响评价规范(试行)》（JTJ 005—96）同时废止。

《公路建设项目环境影响评价规范》（JTG B03—2006）由交通部公路科学研究院编制，人民交通出版社出版。规范的管理权和解释权属交通部，日常解释及管理工作由交通部公路科学研究院负责。

请各有关单位按照规范条文用词说明，正确理解规范条文的相关规定，在执行过程中，根据项目具体情况，科学合理地使用相关技术指标。同时在实践中注意积累资料，总结经验，及时将发现的问题和修改意见函告交通部公路科学研究院（北京市海淀区西土城路 8 号，邮政编码：100088；电话：010—62079195），以便修订时参考。

特此公告。

中华人民共和国交通部

二〇〇六年二月八日

前　言

1996 年 7 月由交通部以交公路发〔1996〕660 号文发布了《公路建设项目环境影响评价规范(试行)》(JTJ 005—96),并于 1997 年 1 月 1 日起试行。

随着公路建设项目环境影响评价工作的普遍开展,环境评价技术的不断提高和有关技术资料的积累,为提高环境影响评价的有效性,保证环境影响评价的质量和推动落实公路建设项目环境保护工作,交通部于 2000 年 1 月以交公路发〔1999〕739 号文《关于下达 1999 年度公路建设标准、规范、定额等编制、修订工作计划的通知》下达了《公路建设项目环境影响评价规范(试行)》(JTJ 005—96)修订任务。

本次修订的主要内容包括:新增术语、基本规定、工程概况与工程分析、水土保持、景观影响评价、地表水环境影响评价和事故污染风险分析等 7 章;引入了分段、分级评价原则;对社会环境影响评价、生态环境影响评价、声环境影响评价和环境空气影响评价的内容做了较大调整,以达到突出重点、兼顾一般之目的。修订后的规范共 12 章,5 个附录。

各单位在执行过程中有何意见或建议,请及时函告交通部公路科学研究院(地址:北京市西土城路 8 号,邮编 100088,电话:010—82022466,传真:010—62045671,电子邮件:hh. ye@ rioh. cn)或中国工程建设标准化协会公路分会秘书处(地址:北京市西土城路 8 号,邮政编码:100088,电话:010—62079195,传真:010—62079195,电子邮件:SHC@ rioh. cn),以便下次修订时参考。

原 规 范 主 编 单 位: 交通部公路科学研究所
原 规 范 参 加 单 位: 交通部科技信息研究所
　　　　　　　　　　　西安公路交通大学
　　　　　　　　　　　长沙交通学院
原规范主要起草人: 宋国真　刘书套　罗友乔　曹申存　聂嘉宣
本 规 范 修 订 单 位: 交通部公路科学研究院
　　　　　　　　　　　长安大学
本规范主要起草人: 叶慧海　董博昶　刘书套　孟　强　刘　殊
　　　　　　　　　　魏显威　晏晓林　董小林　刘　珊　黄述芳

目　次

1　总　则

1.0.1　为了落实《中华人民共和国环境保护法》、《中华人民共和国环境影响评价法》、《中华人民共和国水土保持法》和《中华人民共和国公路法》等法律法规要求,促进公路交通行业可持续发展,统一公路建设项目环境影响评价的基本原则、内容、方法和要求,保证公路建设项目环境影响评价质量,特制定本规范。

1.0.2　公路建设项目环境影响评价应结合公路的工程特点、所在区域的环境特征及环境功能区划,突出重点、兼顾一般,并根据公路建设规模和所在地区环境敏感程度,合理确定环境评价工作的总体要求。

1.0.3　本规范适用于需编制报告书的新建或改扩建的高速公路、一级公路和二级公路建设项目的环境影响评价,其他等级的公路建设项目环境影响评价可参照执行。

1.0.4　评价分为现状评价和预测评价,预测评价包括施工期和运营近、中期。环境敏感或环境管理有要求时,对必要的环境要素可以进行远期预测。

1.0.5　公路建设项目环境影响评价除应符合本规范外,还应符合国家现行的有关标准的规定。

2 术 语

2.0.1 公路景观 highway landscape

指公路本身形成的景观以及公路沿线的自然景观和人文景观,即展现在行车者视野中的由公路线形、公路构造物和周围环境共同组成的图景。公路景观构成分为内部景观和外部景观。

2.0.2 公路内部景观 highway interior-landscape

指公路路域范围内的工程构造物所构成的景观因子。主要包含:特大桥、互通立交、隧道、跨线桥、路堑边坡、附属设施建筑物、声屏障等。

2.0.3 公路外部景观 highway exterior-landscape

指公路路域外与公路及沿线设施关系较密切的环境景观因子。主要包括自然、人文两种景观类型,如风景名胜区、自然保护区、森林公园、文物古迹等。

2.0.4 环境敏感区 environmental sensitive areas

是指具有下列特征的区域:

1 需特殊保护地区:国家法律、法规、行政规章及规划确定或经县级以上人民政府批准的需要特殊保护的地区,如饮用水水源保护区、自然保护区、风景名胜区、生态功能保护区、基本农田保护区、水土流失重点防治区、森林公园、地质公园、世界遗产地、国家重点文物保护单位、历史文化保护地等。

2 生态敏感与脆弱区:沙尘暴源区、荒漠中的绿洲、严重缺水地区、珍稀动植物栖息地或特殊生态系统、天然林、热带雨林、红树林、珊瑚礁、鱼虾产卵场、重要湿地和天然渔场等。

3 社会关注区:人口密集区、文教区、集中的办公地点、疗养地、医院等,以及具有历史、文化、科学、民族意义的保护地等。

2.0.5 环境敏感点 environmental sensitive sites

通常将被公路穿过或临近公路的环境敏感区称为环境敏感点。它是公路项目特有的对环境敏感区的一种称呼,实际上是环境敏感区相对路线很长的公路而言的一种提法。环境敏感点的性质和范围根据评价的环境要素不同而相应改变,因此,又可分为噪声敏感点、生态敏感点等。

2.0.6　环境敏感路段　environmental sensitive sections

通常将穿过或临近环境敏感区的公路路段称为环境敏感路段,其长度一般对应于环境敏感点的大小,它也是公路项目特有的名词术语。与环境敏感点相似,环境敏感路段也可分为噪声敏感路段和生态敏感路段等。在公路环境评价中,经常把环境敏感点与环境敏感路段对应使用。

2.0.7　敏感点评价　sensitive site's assessment

对具体环境敏感点或环境敏感路段进行的评价,有时也称"敏感路段评价"。其涉及的路线长度视敏感点大小而定,通常仅为数百米或数公里,评价时采用的均为"特定"或"实际"的数据。

2.0.8　路段评价　sectional assessment

相对敏感点评价的一种说法,此处"路段"的长度往往较长,在"路段"内可包括几个敏感路段。通常对具有某种相似类型或相似评价参数的路段进行一般性评价,以给出某种"平均"状态的评价。如在噪声评价中,经常按交通量预测划分为几个路段(高速公路一般以互通立交为节点),在路段内以路段平均路基高度、平均交通量来预测说明本路段"平均"或"一般"的噪声污染水平。

3 基本规定

3.0.1 应分段、分级评价,并宜采用以点为主、点段结合的方法。

3.0.2 评价的环境要素主要有生态环境、水土保持、地表水环境、声环境、环境空气、社会经济、景观等,具体项目评价的环境因子应经过环境影响识别与筛选后确定。

3.0.3 评价应按项目工程特点、区域环境特征及环境功能区划等进行路段(敏感点)划分,并确定各路段的工作重点和工作内容。

生态环境、声环境和环境空气影响评价划分为三个工作等级,其他环境要素可只进行敏感路段与一般路段的划分,并确定相应的评价工作深度。各环境要素对应的路段划分原则及评价工作要求的详细规定参阅相应章节。

3.0.4 环境影响报告书的编制

1 环境影响报告书应全面、概括地反映环境影响评价的全部工作,文字应简洁、准确,并尽量采用图表和照片,报告引用的数据须可靠、翔实,评价结论应明确、可信,环境保护措施应具有针对性与可操作性。

2 环境影响报告书应包括如下内容:

1) 工程概况与工程分析;

2) 环境概况;

3) 环境要素专题评价;

4) 公众参与;

5) 事故污染风险分析;

6) 环境管理计划、环境监测计划与环境监理要求;

7) 环境保护措施与投资估算;

8) 环境影响经济损益分析;

9) 环境影响评价结论。

环境要素专题评价和事故污染风险评价可根据环境、工程的特点及评价工作要求进行选择性编制。施工期环境影响评价宜反映在相关环境要素专章(节)中。

3 环境影响报告书编制格式见附录 A。

3.0.5 评价工作应注意各项环境保护措施的可操作性。

环境保护措施应以"保护优先、预防为主、防治结合、注重实效"为原则,并符合相关的环境保护法规,必要时应有比选方案,并对方案进行技术可行性、费用效益比、可操作性等论证。

3.0.6 污染治理措施的效果,应能满足污染物排放的国家标准或地方标准要求。声屏障等部分环境保护设施可视交通量增长情况一次设计、分期实施。

3.0.7 对改扩建项目,应查清原有公路的环境现状,区分不同情况提出环境保护措施。

3.0.8 在比选路线方案时,应结合工程量、施工难度、工程费用,对沿线地方政府、公众意见和环境影响的程度(环境敏感度、受影响人群数量以及环境影响损益量)等指标进行综合比选,采用定量和定性方式,从环保角度推荐较佳方案。

3.0.9 公路建设项目环境保护投资可划分为:
1) 环境污染治理投资;
2) 生态环境保护投资;
3) 社会经济环境保护投资;
4) 环境管理及其科技投资;
5) 环境保护税费项目。
公路建设项目环境保护投资项目及指标见附录 B。

4　工程概况与工程分析

4.0.1　工程概况说明应包括以下内容：

1　路线走向及主要控制点；

2　主要技术标准；

3　建设规模（主要工程量清单）；

4　预测交通量；

5　建设条件（自然条件、施工条件等）；

6　占地与拆迁数量；

7　工期安排与总投资。

4.0.2　工程分析主要分析与环境影响有关的各个建设工序和过程。

4.0.3　应对施工期和运营期分别进行工程分析。对改扩建项目，还应对相关的既有公路污染源、环境现状和已有措施进行回顾性分析。

4.0.4　施工期工程分析宜包括以下内容：

1　征地拆迁数量、安置方式及对居民生活质量的影响分析；

2　土石方平衡情况和取弃土场影响分析；

3　主要材料来源、运输方式及主要料场可选择方案的分析，施工车辆和设施噪声的影响分析；

4　特大桥及大桥结构形式、施工工艺可选择方案及其关键施工环节对环境的影响分析；

5　路基、路面施工作业方式及其各种拌合场的生产工艺及影响分析，施工车辆和机械设备对环境空气的影响分析；

6　隧道施工工艺可选择方案，废渣、废水处置方式的影响分析；

7　施工营地规模及选址，生活垃圾和生活污水处置方式的影响分析；

8　路基、施工场地和取弃土场的水土流失影响分析；

9　特殊路段工程特点及影响分析。

4.0.5　运营期工程分析宜包括以下内容：

1　汽车尾气和交通噪声污染影响分析；

2　事故污染风险的分析；

3 路面汇水对路侧敏感地表水体的影响分析；

4 对景观及居民交通便利性的影响分析；

5 对区域经济发展的影响分析；

6 附属服务设施产生的废水、废气、固体废弃物污染的影响分析；

7 对基础设施、当地产业及生活方式、资源开发等的影响。

4.0.6 工程分析深度应符合以下要求：

1 给出拆迁安置方式可行性定性分析意见；

2 给出取弃土场所选择要求；

3 给出施工营地选择的原则要求；

4 给出施工期临时水土保持防护措施要求；

5 给出附属服务设施布设及生活污水、锅炉烟气处理要求。

4.0.7 工程分析宜采用类比法和查阅资料分析法。

5　社会环境影响评价

5.1　一般规定

5.1.1　评价因子与评价范围

1　社会环境影响评价包括区域社会环境评价和沿线社会环境评价。

2　区域社会环境评价因子一般为矿产资源利用、工农业生产、地区发展规划、旅游资源和文化教育等，评价范围宜是线路直接经过的市、县一级行政辖区，或可行性研究报告中划定的项目直接影响区。

3　沿线社会环境评价因子一般为社区发展、农村生计方式、居民生活质量、征迁安置、土地利用、基础设施、文物古迹和旅游资源等，评价范围宜是受公路直接影响的区域，评价对象为直接受影响个人、群体或单位。

4　评价因子视其受项目的具体影响程度分为重大影响评价因子、中等影响评价因子和轻度影响评价因子，影响视其结果又分为正影响和负影响。

5.1.2　评价内容与工作基本要求

1　应根据地区特点和工程特征，对各评价因子的重要程度进行研究，并进行筛选。

2　评价内容应根据评价因子筛选结果确定。对确定为重大影响的评价因子进行详评，中等影响的因子进行简评，轻度影响的因子进行简评或不评。

3　社会环境影响评价包括下列内容：

1)　项目建设对项目直接影响区的社会经济发展、规划和产业结构等的宏观影响；

2)　项目建设征地拆迁和再安置影响；

3)　项目建设对公路沿线民众的生计方式、生活质量、健康水平和通行交往等影响；

4)　项目建设对沿线基础设施（含防洪）的影响；

5)　项目建设对沿线社区发展及土地利用的影响；

6)　项目建设促进项目直接影响区旅游和文化事业发展的作用；

7)　项目建设对项目直接影响区交通运输体系的改善作用；

8)　项目建设对项目直接影响区矿产资源开发和工农业生产的宏观影响；

9)　项目建设对沿线文物和旅游资源保护与开发的影响；

10)　其他一些特殊或具体问题的分析，如少数民族、宗教习俗等。

4　根据项目公路等级、建设规模、所处位置、所在地区自然和社会环境特征等具体情况，分路段对社会环境影响因子进行筛选（如表 5.1.2），确定其重要程度。

表 5.1.2 社会环境影响评价因子筛选表

评价时段	农民生计方式	生活质量	拆迁安置	矿产资源	土地利用	基础设施	文物古迹	地区发展规划	通行交往	工农业生产	旅游资源	社区发展	……
	1	2	3	4	5	6	7	8	9	10	11	12	……
施工期													
运营近期													
运营中远期													

注:可用以下符号表示影响程度:

●——重大影响;▲——中等影响;○——轻度影响;–——负影响;+ ——正影响。

5.1.3 评价方法

1 评价应分路段进行。应根据行政区划、自然和社会环境特征以及项目影响情况划分路段,在不同路段内选择代表性点或代表性路段进行分析评价。

2 应根据已建的公路建设项目社会环境影响的调查资料或项目后评价资料,进行类比分析与评价。

5.2 社会环境现状评价

5.2.1 现状评价内容

通过收集和分析社会经济统计资料,对社会与经济环境进行评价,一般应包括以下内容:

1 居民生活质量及生计方式;

2 基础设施总体水平;

3 主要工业门类及其发展状况;

4 土地利用现状及发展规划;

5 农林牧副渔业发展状况;

6 矿产资源及其开发情况;

7 重要旅游资源及旅游业发展状况;

8 重要文物资源保护及开发状况;

9 交通运输业发展状况。

5.2.2 调查方法

1 对沿线社会环境评价宜采用实地调查的方法。实地调查可针对代表性点或代表性路段进行详细调查,推广全线。

2 对区域社会环境评价,应采用收集、查询当地资料、文献的方法,辅以代表性点的调查对比。调查数据应以统计部门确认的资料为准。

5.2.3 现状评价

根据调查结果,宜列表统计项目影响区社会经济发展水平,对社会环境现状进行分析、评价。现状评价应重点分析沿线社会环境评价范围内居民的生活、生产条件和承受能力,并指出项目应重视的社会环境敏感因素。

5.3 社会环境影响分析评价

5.3.1 社区发展的影响

应从社区建设、人口结构、文化结构、社区经济发展、路线对两侧交往的阻隔及民族因素等方面分析评价项目建设对社区发展的影响。

5.3.2 农村生计方式与生活质量影响

应从农村生计方式、居民生活收入及结构、健康保健、文化教育等方面分析评价。

5.3.3 征迁、安置分析与评价

1 应分析评价征地拆迁对受影响人口生活条件、生产条件等的影响。
2 应根据地区的自然和社会经济条件,对项目再安置提出指导性意见。
3 有条件时可简要描述拆迁再安置计划,并作宏观评述。

5.3.4 基础设施的影响

1 应分析评价建设项目对沿线现有交通设施、电力设施及通讯设施等的影响。
2 应分析评述建设项目对水利排灌设施的影响,并进行必要的防洪分析。

5.3.5 资源利用的影响

应从土地资源、矿产资源、旅游资源和文物古迹资源的保护、开发与利用等方面分析项目建设对其影响。

5.3.6 发展规划影响

应主要分析项目建设与直接影响区内县级以上城市规划、交通规划和经济发展规划的协调性,并分析其影响。

5.3.7 针对社会环境影响评价中叙述的不利环境影响,应提出相应的减缓或消除不利影响的措施、对策与建议。

5.4 公众参与

5.4.1 公众参与内容
公众参与,包括项目方案决策、勘察、设计和环境影响评价等过程进行的征询和协商。

5.4.2 公众参与工作步骤
1 建设项目信息披露;
2 公众意见调查、收集;
3 公众意见合理性分析、统计与评述;
4 政府各相关职能部门意见协商;
5 专家与对项目感兴趣利益团体的意见;
6 环境影响评价技术文件公示。

5.4.3 调查对象
包括公众个人、政府部门、感兴趣团体、企事业单位和专家。

5.4.4 调查内容
1 项目建设对本地区经济建设和发展的作用;
2 对项目建设的一般性意见;
3 项目主要环境问题,及对各单项环境污染和生态破坏的认可程度;
4 对路线走向、局部选线方案、建设规模、(互通)立交设置、服务(停车)区设置、通道设置等的具体意见和建议;
5 对征地拆迁安置办法的具体意见和建议;
6 对项目环境保护措施的意见和建议。

5.4.5 重点调查对象
有关工程方案应重点调查当地政府部门的意见。有关环境保护措施方案的调查,应重点调查直接受影响人群的意见。

5.4.6 调查结果的统计整理
1 按项目直接影响区和间接影响区进行分类统计整理;
2 对于选择性问题,统计各类选择的人数和比例;对于具体意见和建议,进行分类整理,并统计人数和比例。

5.4.7 调查结果分析
1 分析调查对象的结构情况及其代表性;

2 分析推断一定区域内公众对拟建项目的态度；

3 分析各种公众意见的合理性；

4 采用统计分析方法,做出较全面、客观的分析结论；

5 对公众座谈会的集中式意见,直接归纳、分析,并与调查表的统计结果进行一致性比较分析。

5.4.8 公众参与评述

对项目公众参与的方式、调查内容和调查结果做出较全面、客观、简要的评述。

5.4.9 公众意见反馈

1 环境影响评价机构应在整理归纳公众意见后,将其客观地反馈给项目建设单位。同时还应对直接影响区公众意见的合理性进行评价,并对项目建设单位提出在后续的研究设计阶段应注意的问题和处理原则。

2 宜给出项目建设单位对于公众意见的初步处理意向。

6 生态环境影响评价

6.1 一般规定

6.1.1 按公路所经地区不同的生态系统类型进行分段评价,并分别确定评价工作等级。应针对可能产生重大影响的工程行为及其涉及的敏感生态系统明确重点评价区域和关键生态影响因子。

6.1.2 路段评价工作等级划分原则如下。

1 三级评价

评价范围内无野生动植物保护物种或成片原生植被,不涉及省级及以上自然保护区或风景名胜区,不涉及荒漠化地区、大中型湖泊、水库或水土流失重点治理区的路段。

2 二级评价

评价范围内涉及荒漠化地区、大中型湖泊、水库或水土流失重点防治区,但评价范围内无野生动植物保护物种或成片原生植被,不涉及省级及以上自然保护区或风景名胜区的路段。

3 一级评价

评价范围内涉及野生动植物保护物种或成片原生植被,或涉及省级及以上自然保护区、风景名胜区的路段。

6.1.3 生态环境影响评价范围确定原则如下。

1 三级评价范围为公路用地界外不小于 100m。二级评价范围为公路用地界外不小于 200m。一级评价范围为公路用地界外不小于 300m。当项目的建设区域外有高陡山坡、峭壁、河流等形成的天然隔离地貌时,评价范围可以取这些隔离地物为界。

2 省级及以上自然保护区的实验区划定边界距公路中心线不足 5km 者,宜将其纳入生态环境现状调查范围,并根据调查结果确定具体评价范围。

3 对于受工程建设直接影响的原生、次生林地,应以其植物群落的完整性为基准确定评价范围。

6.2 生态环境现状调查

6.2.1 生态环境现状调查范围可在评价范围的基础上适当扩大。

6.2.2 生态环境现状调查宜包括以下内容：

1 走访项目直接影响区县级及以上环境保护、林业、农业、渔业、水利、矿产资源等政府部门，了解相关的环境保护法规并就具体问题进行咨询。对于改扩建项目，还应调查既有的生态环境影响和存在的问题。

2 收集项目直接影响区县级及以上人民政府批准的生态规划、城镇规划、土地利用总体规划、水土保持规划，及自然资源现状分布、野生动植物分布的资料和图件。

3 收集项目直接影响区县级及以上人民政府划定的自然保护区、风景名胜区、森林公园的现状分布与规划图，查明保护区与项目之间的相对位置关系。

4 收集项目直接影响区县级及以上人民政府划分水土流失重点监督区、重点治理区和重点预防保护区的通告。

5 根据需要收集项目直接影响区地形图、卫星照片或航测照片。

6 需进行一级或二级评价的较敏感的工程影响区域，应进行实地调查，调查内容应包括：

1) 地形、地貌特征，土壤侵蚀类型、特点和程度。

2) 植被类型及其相应的分布。

3) 优势植物种类及其覆盖率；受影响的古树名木的位置、树种；野生保护植物的种类及分布。

4) 野生保护动物的种类、分布、活动区域和迁徙路线。

5) 自然保护区、风景名胜区及森林公园的位置、分布、性质和保护级别。

6.2.3 生态环境现状调查可根据项目及区域环境特点采用样方调查、目测和摄影、摄像、收割调查、经验估算或其他简便、易操作的方法。

6.3 生态环境现状评价

6.3.1 宜绘制生态环境影响评价分级分区图、重要生态敏感点分布图和重要生态保护目标平面图，并加以文字说明。

6.3.2 生态环境现状评价宜包括以下各款中的部分或全部内容：

1 三级评价的路段：结合项目地理位置图、土地利用现状图、地表水系图，说明项目直接影响区的生态系统类型、主要生态问题及其发展趋势；重点描述、分析土地资源及其利用情况、动植物区系、主要物种、植被覆盖率、项目区域生态环境宏观特征。

2 二级评价的路段：本条第1款所列内容；阐明评价范围内自然保护区、风景名胜区、森林公园的基本情况，并说明其与项目间的空间位置关系；通过工程平纵面图、地形图、土地利用现状图、植被分布图、现场照片，结合生态规划、城镇规划和土地利用总体规划资料，对评价范围内的生态结构、主要生态因子现状及其抗干扰能力进行分析，并说明其变化趋势。

3 一级评价的路段：本条第2款所列内容；绘制野生保护植物资源分布图和评价范围内的生物量图表；结合现场摄像和照片分析评价范围内的生态系统结构、稳定性、物种多样性、抗干扰能力及其变化趋势；有条件时可采用地理信息系统(GIS)、遥感(RS)等信息技术进行处理和分析。

6.3.3 对改扩建项目，还应说明项目已存在的生态环境影响和遗留问题，并给予分析和评价。

6.4 生态环境影响预测

6.4.1 生态环境影响预测方法

根据工程和评价区域的性质、特点，生态环境影响预测可分别或以组合方式采用类比预测法、图形叠置法及经验分析与专家咨询法。

6.4.2 生态环境影响预测评价宜包括以下各款中的部分或全部内容。

1 三级评价的路段：分析项目征用土地对项目直接影响区土地资源和农林牧渔业生产、主要动植物物种、植被覆盖率的影响；分析项目直接影响区土地利用状况的变化。

2 二级评价的路段：本条第1款所列内容；分析预测项目实施对评价范围内生态敏感区域的潜在影响；分析预测工程实施对项目评价范围内列入保护名录的野生动植物和优势植被的影响，并在此基础上预测评价范围内主要生态因子和生态系统结构可能发生的变化。

3 一级评价的路段：本条第2款所列内容；进行植物群落、动物栖息地、迁徙通道的影响分析，并分析评价范围内的生态系统结构、稳定性、物种多样性变化趋势。通过相关图表说明工程对评价范围内生态系统结构、功能及其抗干扰能力的影响，并可用现场摄像和照片资料进行辅助说明。

6.4.3 对一级和二级评价的路段，宜用生物量、物种多样性、植被覆盖率、频率、密度、优势度等指标对评价范围内的生态特征进行工程建设前后对比的定量分析；有条件时可采用遥感、地理信息系统等技术进行分析评价。

6.4.4 对改扩建项目，还应说明项目实施后既有生态环境影响的变化情况，并进行分析和评价。

6.5 生态环境保护措施

生态环境保护措施可以包括：

1 保护生态环境的规划、选线措施；

2 改善和恢复生态环境的绿化措施；

3 保护水土资源及其他生态环境要素的工程措施；

4 野生保护动植物物种的专项保护措施；

5 为保护生态环境而采取的施工方法和施工组织优化措施；

6 保护、改善、恢复生态环境的管理和监督措施。

7 水 土 保 持

7.1 一般规定

7.1.1 已编制水土保持方案报告书的公路建设项目,在其环境影响报告书中的水土保持章(节)可直接引用水土保持方案报告书的结论意见、措施、投资估算以及效益分析等。

7.1.2 未编制水土保持方案报告书的公路建设项目,在其环境影响报告书中需设水土保持章(节)时,应针对该项目主要填挖方路段、不良地质路段、特大及大桥路段以及取弃土场进行编制。

7.2 水土保持现状调查

7.2.1 调查项目主要填挖方路段、主要取弃土场所处地带的水土流失现状及治理措施与效果,土壤侵蚀类别、强度及其相应的侵蚀面积,以及公路建设所占用不同类别水土保持防治分区的面积等。

7.2.2 调查项目永久性占地、临时工程占地和取弃土场等占地类别与数量。

7.3 水土保持章(节)的内容

7.3.1 依据现状调查结果,确定项目的水土流失防治责任分区。

7.3.2 依据相关规范进行项目的水土流失预测及其危害性分析。

7.3.3 分析评价主体工程设计中已采取的防护与排水工程、绿化工程等的水土保持功能。

7.3.4 提出新增水土保持措施内容、投资估算及效益分析。

7.3.5 水土保持章(节)的图件,应包括水土流失现状图、工程总体布置图、防治分区及措施布局图等。

7.3.6 对改扩建项目,应分析评价已有各项水土保持防治措施的效果,并结合实际提出新增措施及其投资估算。

8 声环境影响评价

8.1 一般规定

8.1.1 声环境影响评价包括施工期噪声影响评述和运营期交通噪声影响评价。

8.1.2 运营期评价划分为路段交通噪声评价和敏感点(路段)噪声评价。敏感点(路段)噪声评价应根据噪声敏感目标的位置、功能、规模及路段交通量确定评价工作等级;路段交通噪声评价只进行一般性的预测分析。

8.1.3 敏感点(路段)噪声评价可划分为三级,划分原则如下。
1 三级评价(满足如下任一条件时)
1) 预测交通量:路段近期预测日交通量不超过5000辆标准小客车。
2) 噪声敏感目标规模:少于200名学生的学校教室,少于20张床位的医院病房、疗养院等,少于50名常驻居民的居民点。
3) 噪声敏感目标距路中心线距离大于150m。
4) 路侧区域没有建设规划时。
2 二级评价(满足如下任一条件时)
1) 噪声敏感目标规模:有200名以上学生的学校、有20张床位以上的医院病房、疗养院、有对噪声有限制要求的保护区等噪声敏感目标,且其距路中心线距离在100~150m范围内。
2) 噪声敏感目标规模:有连续分布的50名以上常驻居民的居民点,且其距路中心线距离在60~100m范围。
3) 预测交通量及功能区划:通过县级以上城市已规划区,且运营近期预测日交通量超过5000辆但小于10 000辆标准小客车。
3 一级评价(满足如下任一条件时)
1) 噪声敏感目标规模:有200名以上学生的学校、有20张床位以上的医院病房、疗养院、有对噪声有限制要求的保护区等噪声敏感目标,且其距路中心线距离在100m范围内。
2) 噪声敏感目标规模:有连续分布的50名以上常驻居民的居民点,且其距路中心线距离在60m范围内。
3) 预测交通量及功能区划:通过地区级以上城市已规划区,且运营近期预测日交通量超过 10 000 辆标准小客车。

4 敏感点(路段)如同时符合不同评价等级的条件时按较高评价等级执行。

8.1.4 敏感点(路段)噪声评价工作基本要求如下。

1 三级评价工作基本要求

1) 着重调查现有噪声源种类和数量;可全部利用当地已有的环境噪声监测资料。

2) 可不进行噪声预测,噪声影响分析以现有或类比资料为主,对噪声超标范围、超标值及受影响人口分布进行分析。

3) 对超标的噪声敏感目标提出噪声防治措施。

2 二级评价工作基本要求

1) 应选择代表性噪声敏感目标进行监测,并用于同类噪声敏感目标的环境现状评价。

2) 应进行噪声预测,并绘制出其平面等声级图。

3) 应给出公路运营近、中期的噪声超标范围、超标值及受影响人口分布。

4) 对超标的噪声敏感目标应提出噪声防治措施,给出降噪效果分析。

3 一级评价工作基本要求

1) 宜对噪声敏感目标逐点进行监测,并用于同类噪声敏感目标的环境现状评价。

2) 应进行噪声预测,并绘制出其平面等声级图;对于高层建筑还应绘制出立面等声级图。

3) 应给出公路运营近、中期的噪声超标范围、超标值及受影响人口分布。

4) 对超标的噪声敏感目标应提出噪声防治措施,并进行技术经济论证,给出最终降噪效果。

8.1.5 评价范围:路中心线两侧各 200m 范围。

8.2 声环境现状评价

8.2.1 现状调查内容

1 评价范围内现有噪声源种类、数量,与路线位置关系及相应的噪声级;

2 评价范围内的环境噪声级、噪声超标情况;

3 评价范围内噪声敏感点、保护目标、人口分布等;

4 评价范围内的声环境功能区划;

5 现有交通噪声分布情况。

8.2.2 现状监测

1 环境噪声监测布点

三级评价的噪声敏感点(路段)可不进行现状监测,必要时可监测 1~2 处代表性噪声敏感目标。

二级评价的噪声敏感点(路段)应在路段范围内选择代表性噪声敏感目标进行监测,每处噪声敏感目标宜布设 1～2 个点位。

一级评价的噪声敏感点(路段)宜对每个噪声敏感目标逐点布设监测,每处噪声敏感目标宜布设 1～3 个点位。

2　交通噪声监测布点

对新建项目,可选择在对新建公路评价范围内环境噪声有影响的既有公路布设 1～2 个交通噪声监测断面。

对改扩建项目,应布设必要的交通噪声监测断面,并进行相关参数的记录。

3　测量方法

按《声学　环境噪声测量方法》(GB/T 3222)进行,并绘制现状监测布点示意图。

4　测量数据与评价值

环境噪声:测量数据为等效连续 A 声级以及累积百分声级 L_{10}、L_{50}、L_{90},评价值为 L_D 和 L_N;

交通噪声:测量数据为等效连续 A 声级以及累积百分声级 L_{10}、L_{50}、L_{90},评价值为 L_{Aeq}。

8.2.3　声环境现状评价

根据监测获得的环境噪声值与相应的环境标准进行评价,分析达标情况,并说明超标的原因。

8.3　施工期声环境影响评述

8.3.1　施工期声环境影响评述应针对不同工程作业时的机械噪声及工程车辆交通噪声进行评述,提出综合防治措施。

8.3.2　评述范围为施工场边界 100m 范围。

8.3.3　评述对象为噪声敏感目标。

8.3.4　评述标准:《建筑施工场界噪声限值》(GB 12523)。

8.3.5　影响评述参照附录 C.3。

8.4　运营期声环境影响预测评价

8.4.1　噪声预测宜采用模式预测法,有条件时可采用类比分析法。

8.4.2 填方路段交通噪声预测模式参数选择见附录 C.1，高架道路和立交区交通噪声预测模式见附录 C.2。半挖半填及路堑路段交通噪声预测参见《声屏障声学设计和测量规范》（HJ/T 90）。

1 环境噪声级计算

$$L_{Aeq环} = 10\lg\left[10^{0.1L_{Aeq交}} + 10^{0.1L_{Aeq背}}\right] \tag{8.4.2-1}$$

式中：$L_{Aeq环}$——预测点的环境噪声值，dB；

$L_{Aeq交}$——预测点的公路交通噪声值，dB；

$L_{Aeq背}$——预测点的背景噪声值，dB。

2 公路交通噪声级计算

$$L_{Aeqi} = L_{0i} + 10\lg\frac{N_i}{TV_i} + \Delta L_{距离} + \Delta L_{地面} + \Delta L_{障碍物} - 16 \tag{8.4.2-2}$$

$$L_{Aeq交} = 10\lg\left[10^{0.1L_{Aeq大}} + 10^{0.1L_{Aeq中}} + 10^{0.1L_{Aeq小}}\right] + \Delta L_1 \tag{8.4.2-3}$$

式中：L_{Aeqi}——i 车型，通常分为大、中、小三种车型，车辆的小时等效声级，dB；

$L_{Aeq交}$——公路交通噪声小时等效声级，dB；

L_{0i}——该车型车辆在参照点（7.5m 处）的平均辐射噪声级，dB；

N_i——该车型车辆的小时车流量，辆/h；

T——计算等效声级的时间，取 $T = 1h$；

V_i——该车型车辆的平均行驶速度，km/h；

$\Delta L_{距离}$——距噪声等效行车线距离为 r 的预测点处的距离衰减量，dB；

$\Delta L_{地面}$——地面吸收引起的交通噪声衰减量，dB；

$\Delta L_{障碍物}$——噪声传播途中障碍物的障碍衰减量，dB；

ΔL_1——公路弯曲或有限长路段引起交通噪声修正量，dB。

8.4.3 根据环境噪声执行标准对预测分析结果进行噪声评价，分析超标情况。改扩建项目，应对噪声影响变化的情况进行分析和评价。

8.5 噪声防治措施

8.5.1 施工期对噪声超标的噪声敏感目标宜采取经济补偿或限制施工时间等管理措施。

8.5.2 路中心线 50m 内有建筑物的路基施工路段，应针对振动式压路机作业提出施工监控措施或替代作业方式。

8.5.3 运营期应根据预测结果提出环境噪声监测计划或分期实施防治措施。

8.5.4 应提出噪声影响控制距离。

9 景观影响评价

9.1 一般规定

9.1.1 公路景观评价分为内部景观评价与外部景观评价。

9.1.2 内部景观评价对象为工程构造物,外部景观评价对象为景观敏感区。

9.1.3 无特殊工程构造物时,可不进行内部景观评价;无景观敏感区时可不进行外部景观评价。景观评价应突出对景观敏感路段的评价。

9.2 评价内容

9.2.1 应对工程构造物的造型、色彩等美学特性评价,并对其与周围环境的协调性进行评价。内部景观评价应选取代表性构造物进行评价。

9.2.2 应对景观敏感区的完整性、美学价值、科学价值、生态价值及文化价值等方面因公路建设所受到的影响进行评价。外部景观评价应对景观敏感路段逐段进行评价。

9.3 景观评价方法

9.3.1 宜采用"文字描述"结合"效果模拟分析"的方法对工程构造物的美学特性进行评价。

9.3.2 宜采用"文字描述"及"眺望点视觉模拟分析法"对景观敏感区受到的影响进行评价。对特别敏感的景观敏感区还可采用"专家评议法"。

9.4 景观影响优化、替代方案

9.4.1 通过对代表性工程构造物的景观评价分析,必要时可提出优化方案建议。

9.4.2 当公路与景观敏感区美学价值构成视觉冲突时,应提出相应的替代或减缓措施方案。

10 地表水环境影响评价

10.1 一般规定

10.1.1 地表水环境影响评价只对公路所经区域河流(包括河口)、湖泊、水库的环境影响进行评价,不包括沼泽、冻土区以及水生生态。

10.1.2 运营期评价可根据项目具体的污染特征和地表水环境现状,划分为敏感路段和一般路段分别进行。

10.1.3 评价范围应符合下列要求:
1 路中心线两侧各200m范围内;路线跨越水体时,扩大为路中心线上游100m、下游1000m范围内。
2 当建设项目的污水直接排入城市排水管网时,评价点应为建设项目污水排入城市排水管网的接纳处。
3 当项目排污的受纳水体为开放性地表水水域(含灌溉渠道)时,评价范围应为建设项目排污口至下游100m。
4 当项目排污的受纳水体为小型封闭性水域时,评价范围为整个水域。

10.2 地表水环境现状评价

10.2.1 现状调查范围应在评价范围的基础上适当扩大。

10.2.2 现状调查应符合以下规定:
1 收集污水受纳水域的水体位置、常规水文资料和调查范围内水域的常规水质监测资料,绘制水系分布图。
2 调查受纳水体的水系构成、环境功能区划、使用功能、污染物总量控制指标。
3 调查原则是尽量利用现有的资料和数据。
4 调查改扩建项目在改建前的污水排放量、既有水质监测资料、污水排放去向、受纳水体环境功能区划,绘制污水排放去向图。

10.2.3 现状监测应符合以下规定:

1 当评价范围内的排污受纳水体没有常规水质监测资料或资料不完整,以及评价范围内有水域功能规划 III 类及以上水体时,应对水质进行现状监测。监测因子与评价因子相同。

2 取样断面、取样点的选择及监测频率应符合《环境影响评价技术导则 地面水》(HJ/T 2.3)的有关规定。水样分析方法应符合《地表水环境质量标准》(GB 3838)的规定。

3 对改扩建项目,当既有水质监测资料不能全面反映污水排放状况时,应实测污水排放量和污水水质。采样频率和水样分析方法应符合《污水综合排放标准》(GB 8978)的规定。

10.2.4 现状评价内容:

1 根据水环境现状资料,对受纳水体地表水环境质量分项进行达标状况评价。

2 对改扩建项目,应评价既有污水排放的达标现状,并对既有污染源污水处理设施处理效果和处理能力进行评述。

10.3 地表水环境影响预测评价

10.3.1 施工期地表水环境影响评述应符合以下规定:

1 调查了解施工方案、施工临时驻地位置、集中机械维修点、大型隧道和桥梁施工点,以及相邻地表径流方向和水域功能。

2 分析施工期废水排放的原因、地点及施工期废水的水质特征。

3 可采用类比调查方法预测施工期污水排放量和污水水质,对照排放标准评价施工期排放废水可能产生的影响范围、影响程度和时效性。

10.3.2 运营期地表水环境影响评价应符合以下规定:

1 评价内容主要是服务区生活污水和洗车污水等。

2 敏感路段应进行水环境现状评价和污染源预测评价,提出切实可行的水环境保护措施。

3 一般路段不进行地面水环境影响评价,可简要说明污水排放数量、排放去向、受纳水体情况,并对照评价标准进行简要的环境影响分析,提出水环境保护措施。

10.4 地表水环境保护措施

10.4.1 地表水环境保护措施应包括管理措施和工程防护措施。

10.4.2 应根据项目污水排放达标情况和对受纳水体的影响程度提出污水治理措施,并评价其环境效益,也可进行简要的技术经济分析。公路沿线设施污水排放量及排放浓度估算参见附录 D。

10.4.3 直接穿越饮用水源保护地的路段应提出路线避让要求,如无法避让时应提出可靠的保护措施。

10.4.4 根据预测评价结论对污水排放口的设置进行论证。

10.4.5 当项目所在地对建设项目有污染物排放总量控制要求时,应提出污染物实现排放总量控制的方案。

10.4.6 环境管理措施可包括对污水排放口布设及地表水环境监测的建议、防止泄露等事故发生的措施建议、环境管理机构设置的建议等。

10.4.7 应对施工驻地、集中施工场地以及大型隧道和桥梁施工工点等提出有效、经济的工程管理措施和临时性的污水处置及防护措施。

11 环境空气影响评价

11.1 一般规定

11.1.1 环境空气运营期评价分为敏感点(路段)评价和路段评价。路段评价长度一般采用工程可行性研究报告交通量预测划分,敏感点(路段)评价长度按敏感目标分布确定。敏感点(路段)评价按环境空气敏感目标规模、路段交通量确定评价工作等级,路段评价只进行一般分析评价。

11.1.2 敏感点(路段)评价可划分为三个等级,划分原则如下。
1 三级评价(符合以下任一条件时)
1) 运营近期交通量小于 20 000 辆/日(标准小客车)。
2) 运营近期交通量大于 20 000 辆/日(标准小客车),小于 50 000 辆/日(标准小客车),且评价范围内无 50 户以上居民区、学校等敏感目标。
2 二级评价(符合以下任一条件时)
1) 运营近期交通量小于 50 000 辆/日(标准小客车),大于 20 000 辆/日(标准小客车),但评价范围内有 50 户以上居民区、学校等敏感目标。
2) 运营近期交通量大于 50 000 辆/日(标准小客车),且评价范围内无 50 户以上居民区、学校等敏感目标。
3 一级评价(符合以下条件时)
运营近期交通量大于 50 000 辆/日(标准小客车),且评价范围内有 50 户以上的居民区、学校等敏感目标。
4 敏感点(路段)如同时符合不同评价等级的条件时按较高评价等级执行。

11.1.3 评价范围为公路中心线两侧各 200m 范围。如果附近有城镇、风景旅游区、名胜古迹等保护对象,评价范围可适当扩大到路中心线两侧各 300m 的范围。

11.1.4 敏感点(路段)评价工作内容的基本要求如下。
1 三级评价工作基本要求
1) 宜在现有资料基础上分析环境空气质量现状。
2) 采用类比分析法对路段两侧评价范围内环境空气影响进行一般性描述分析。
2 二级评价工作基本要求

　　1）　充分利用现有资料进行现状评价分析，必要时可进行补充监测与评价。

　　2）　对代表性环境空气敏感目标进行评价，并反馈于其他环境空气敏感目标。预测时可采用类比分析法或模式计算法。

　3　一级评价工作基本要求

　　1）　对代表性环境空气敏感目标进行现状监测，采用单因子指数法进行现状评价。

　　2）　宜采用模式预测法，对敏感点（路段）的污染物扩散浓度进行逐点预测与评价。

11.1.5　环境空气评价因子分施工期评价因子和运营期评价因子。施工期评价因子为总悬浮颗粒物（TSP），必要时增加沥青烟；运营期评价因子为二氧化氮（NO_2），必要时增加一氧化碳（CO）。

11.2　环境空气现状评价

11.2.1　现状调查内容

　1　调查评价范围内地形、地貌特点和现有工业污染源的情况，收集当地政府制订的功能区划分、环境空气质量执行标准和发展规划，划分评价路段，确定环境空气敏感点。

　2　收集项目直接影响区环境空气质量常规监测资料，统计分析各点的主要污染物的浓度值、超标量和变化趋势等。

　3　收集项目直接影响区近 1~3 年常规气象资料，包括年、季、月的气压、气温、降水、湿度、日照、主导风向、平均风速及稳定度频率等内容。

11.2.2　现状监测

　1　二级、三级评价的敏感点（路感），必要时可进行一期现状监测。

　2　监测布点以代表性环境空气敏感目标为主。监测点应具有代表性，能反映路段内环境空气污染水平和浓度分布规律。

　3　监测因子为选定的评价因子。一级、二级评价采用《环境空气质量标准》（GB 3095）中规定的监测采样和分析方法；三级评价可每期监测 5d 并保证至少 3d 有效数据；尽可能采取 24h 连续监测二氧化氮，若受条件限制时应每天监测至少 4 次。

　4　监测时同步进行气象观测（风向、地面风速、气温等）。

11.2.3　现状评价方法

　分析评价因子日均浓度值变化范围超标率及超标原因，采用单因子指数法对评价因子达标情况进行分析评价，并对环境空气现状作出评价。

　单因子指数法如式（11.2.3）：

$$P = \frac{C_i}{C_{0i}} \qquad (11.2.3)$$

式中：P——i 因子质量指数；

C_i——i 因子浓度实测值,mg/m^3;

C_{0i}——i 因子标准值,mg/m^3。

11.2.4 现状评价

对评价范围内现有环境空气敏感点所在区域的功能划分、环境空气质量现状、现有污染源情况等进行评价分析。

11.3 环境空气质量预测

11.3.1 施工期影响分析

对施工期的环境空气影响不做模式预测,可只根据现有资料进行类比分析。施工期评价重点为施工路面扬尘(含施工便道及新铺设路面)、场站扬尘(搅拌站及堆料场等)。

11.3.2 运营期影响评价

1 对运营期汽车尾气中的污染物,可采用模式预测法或类比分析方法估算其扩散浓度,三级评价可只做类比分析评述。

2 根据公路沿线设施的锅炉所采用的燃料种类,简要分析其烟尘排放情况,并提出排放控制的要求。

11.3.3 类比分析法

1 有符合下列条件的可类比项目时,宜采用类比分析法评述环境空气质量影响。

1) 与预测路线交通量和平均车速相近;

2) 与预测路线的地形和气象条件相近;

3) 原型监测点和路线预测点与路中心线垂直距离相近。

2 类比预测公式如式(11.3.3-1)。

$$C_{PR} = C_{mR} \frac{Q_P U_m \sin\theta_m}{Q_m U_P \sin\theta_P} \tag{11.3.3-1}$$

$$C_P = C_{PR} + C_{P0}$$

$$C_{mR} = C_m - C_{m0}$$

式中: C_P、C_{P0}——分别为评价年预测点的污染物浓度和背景浓度,mg/m^3;

C_m、C_{m0}——分别为类比原型对应点的污染物监测浓度和背景浓度,mg/m^3;

C_{PR}、C_{mR}——分别为评价年预测点和监测点由车辆产生的污染物浓度,mg/m^3;

Q_P、Q_m——分别为评价年预测点和原型监测点的源强,mg/s·m;

U_P、U_m——分别为评价年预测点和原型监测点处的风速,m/s;

θ_P、θ_m——分别为评价年预测点和原型监测点风速矢量与公路中心线夹角(简称风向角),(°)。

3 排放源强数据(车辆排放污染物线源强度)采用如下方法计算。

行驶车辆尾气中的污染物排放源强按连续线源计算,线源的中心线即路中心线。污染物排放源强按式(11.3.3-2)计算。

$$Q_j = \sum_{i=1}^{3} 3600^{-1} A_i E_{ij} \qquad (11.3.3-2)$$

式中:Q_j——j 类气态污染物排放源强度,mg/s·m;

A_i——i 型车预测年的小时交通量,辆/h;

E_{ij}——运行工况下 i 型车 j 类排放物在预测年的单车排放因子,mg/(辆·m),推荐值见附录 E 中表 E.2.7。

11.3.4 模式预测法

无类比条件时,可选用附录 E 中的模式和参数进行环境空气质量预测。

11.3.5 路段评价污染物浓度预测要求

1 预测参数选择该路段的平均高度、平均风速等"平均"值。

2 日平均值按日均小时交通量参数进行预测,1h 平均值按高峰小时交通量参数进行预测。

11.3.6 敏感点(路段)评价污染物浓度预测要求

1 预测参数按敏感点(路段)实际参数进行预测。

2 应将预测扩散浓度与背景浓度线性叠加后,与标准限值比较,分析环境空气质量达标和超标情况。

3 应分析出现超标时的气象条件和污染程度。

11.4 污染防治对策

11.4.1 应对施工期场站选址、施工现场(含施工道路)、物料装运、材料堆放及运输道路提出环保要求。

11.4.2 应根据预测结果提出运营期环境空气污染防治对策。

12 事故污染风险分析

12.0.1 应对在运营过程中危险化学货物的泄露进行事故污染风险分析,其分析重点应针对敏感水体进行,并提出风险防范和管理对策。

12.0.2 应对公路分路段进行危害敏感性识别,其识别重点应是处于敏感水体汇水区的路段。

12.0.3 对确认的敏感路段,应根据事故风险、危害种类等,结合工程设计提出工程防范要求。

12.0.4 应制订必要的应急报告制度及程序。

附录 A 环境影响报告书编制格式

A.1.1 报告书文件幅面应采用 A_4,封面应采用草绿底黑字。

A.1.2 报告书封面格式见图 A.1.2。

证书编号(字号四宋)　　　　　　　　　　　　项目编号(字号四宋)

××× 公路工程

(字号三仿)

环境影响报告书

(字号一黑)

委托单位:(字号三仿)

编制单位:(字号三仿)

××年××月××日(字号三仿)

图 A.1.2 报告书封面格式

A.1.3　报告书封里一格式见图 A.1.3。

环境影响评价证书

（影　印　件）

（按原件 1/3 比例缩印）

　　持证单位:(字号四宋)

　　法人代表:

　　评价机构:(加盖公章)

　　评价机构负责人:

　　项目名称:

图 A.1.3　报告书封里一格式

A.1.4 报告书封里二格式见图 A.1.4。

主编单位：（字号四宋）

法人代表：（签章）

总工程师:姓名　　签字　　职称

评价机构负责人:姓名　　签字　　职称

参编单位：（字号四宋）

法人代表：（签章）

总工程师:姓名　　签字　　职称

评价机构负责人:姓名　　签字　　职称

项目负责人:姓名　　签字　　环境评价工程师证书编号

总报告编写：姓名　　签字　　环境评价工程师证书或上岗证编号

专项负责人：

专项名称:姓名　　签字　　环境评价工程师证书或上岗证编号

图 A.1.4　报告书封里二格式

A.1.5 报告书封里三格式图见 A.1.5。

目　　录

正文

附件

附图

注：

(1)正文目录应编至＊.＊节。

(2)附件应列出项目环境影响评价委托书、环境影响评价标准确认函等依据性文件。

(3)附图主要是监测布点图、项目地理位置图、路线平、纵面缩图、水系图等技术性图纸。

图 A.1.5　报告书封里三格式

附录 B 公路建设项目环境保护投资项目 及环保投资估算指标

B.1.1 公路建设项目环境保护投资项目及环保投资估算指标见表 B.1.1。

表 B.1.1 公路建设项目环境保护投资项目及环保投资估算指标

序号	投 资 项 目	单位	投资（万元）	备 注
一、	环境污染治理投资			
1	声环境污染治理			
1.1	声屏障（含环境设施带）	延米		
1.2	围墙	延米		
1.3	建筑物封闭外廊	延米		
1.4	隔声窗	m²		
1.5	低噪声路面	m²		
1.6	防噪林带	m²		
1.7	建筑物拆迁	m²		不含正常的工程拆迁
1.8	专设的限速、禁鸣标志等	处		
2	振动治理			
2.1	减振沟	m		
3	环境空气污染治理			
3.1	附属设施锅炉烟尘、餐饮油烟处理设施	套		
3.2	收费亭、隧道强制通风设备	套		
3.3	防护林带	m²		注意与 1.6 的协调
3.4	施工期降尘措施			不含成套搅拌设备本身应具备的除尘装置
3.5	建筑物拆迁	m²		注意与 1.7 的协调，不得重复计算费用
4	地表水污染环境治理			
4.1	附属设施污水处理设施	处		
4.2	施工期生产和生活废水处置	处		含隧道施工废水处置
4.3	路面汇水集中处理设施	处		如独立的排水系统、排水系统中的泥沙沉淀、隔油池、集水井(池)等
二、	生态环境保护投资			

续上表

序号	投 资 项 目	单位	投资 (万元)	备 注
1	绿化美化工程	m²		除包括公路用地范围内的绿化费用外,还应包含为补偿因道路建设所占原有绿地而在道路用地范围以外建设的绿化工程等的费用。如:城郊结合部的绿化,取弃土场植被恢复与防护措施等
2	对湿地、草原、草场的保护工程(或置换工程)			含在牧区为转场特设的通道
3	公路经过渔业养殖水域所采取的防护措施			含给予渔政部门的渔业资源补偿费用,但不含给渔民的直接赔偿费用
4	公路经过自然保护区所采取的特殊工程措施			如特殊的防护隔栅、动物通道等
5	保护沿线土地资源措施			如耕地表土剥离及保护措施、料堆场等的复垦
6	取弃土(含石方)场所生态恢复和水保措施			根据项目预、工可进行估算,要求初设落实
三、	社会经济环境保护投资			
1	通道和人行桥工程	处		为构成道路交通网而设置的互通立交、分离式立交、路线桥等构造物除外
2	为保护人文景观、历史遗产所采取的措施			如文物勘察、挖掘和保护费用;特设的跨越或遮挡工程等
3	危险化学品运输事故的防范措施			如危险品检查站设置、事故应急车、敏感路段监控等
4	工程拆迁及安置费用			不计征地及青苗费用
5	为补偿因公路建设所占用水源(特别是农村的饮用水源)的供水工程费用			
	······			
四、	环境管理及其科技投资			
1	专设监测站的基建费、仪器设备费、装备费等			根据项目监测计划确定
2	项目环境保护专业人员及监理工程师等的技术培训费			根据项目培训计划确定
3	环境监测费用			根据项目环境监测计划确定
4	项目环境保护工作人员的薪酬及办公经费			根据项目环境管理计划确定

续上表

序号	投资项目	单位	投资 (万元)	备注
5	环境工程(设施)维护和运营费用			按有关费率确定
6	工程环境监理费用			按有关费率确定
	……			
五、	环境保护税费项目			按一定费率或税率收取
1	水土保持补偿费			
2	造林费、林地补偿费			
3	耕地费、造地费			
4	矿产资源税			
5	文物勘察费、文物挖掘保护费			
6	渔业资源保护费			
	……			

附录 C 公路交通噪声预测

C.1 公路交通噪声预测模式参数选择

C.1.1 公路交通噪声预测模式中各参数的确定方法

1 车速

1) 公式计算法

车速计算参考公式如式(C.1.1-1)和式(C.1.1-2)所示:

$$v_i = k_1 u_i + k_2 + \frac{1}{k_3 u_i + k_4} \tag{C.1.1-1}$$

$$u_i = \text{vol}\left[\eta_i + m(1 - \eta_i)\right] \tag{C.1.1-2}$$

式中:v_i——预测车速,km/h;当设计车速小于120km/h时,该车型预测车速按比例降低;

u_i——该车型的当量车数;

η_i——该车型的车型比;

vol——单车道车流量,辆/h;

m——其他两种车型的加权系数。

k_1、k_2、k_3、k_4 分别为系数,如表 C.1.1-1 所示。

表 C.1.1-1 车速计算公式系数

车 型	k_1	k_2	k_3	k_4	m
小型车	− 0.061 748	149.65	− 0.000 023 696	− 0.020 99	1.210 2
中型车	− 0.057 537	149.38	− 0.000 016 390	− 0.012 45	0.804 4
大型车	− 0.051 900	149.39	− 0.000 014 202	− 0.012 54	0.709 57

车型分为小、中、大三种,车型分类标准见表 C.1.1-2。车型比应按可行性研究报告中提供的交通量调查结果确定。

表 C.1.1-2 车型分类标准

车 型	汽车总质量	车 型	汽车总质量
小型车(S)	3.5t 以下	大型车(L)	12t 以上
中型车(M)	3.5t 以上 ~ 12t		

注:小型车一般包括小货、轿车、7 座(含 7 座)以下旅行车等;

　　大型车一般包括集装箱车、拖挂车、工程车、大客车(40 座以上)、大货车等;

　　中型车一般包括中货、中客(7 座 ~ 40 座)、农用三轮、四轮等。大型车和小型车以外的车辆,可按相近归类。

2) 根据项目直接影响区相似公路车辆运行状况分析确定车速。

2 单车行驶辐射噪声级 L_{0i}

1) 车辆在参照点(7.5m 处)的平均辐射噪声级(dB) L_{0i} 按下式计算:

小型车 $\qquad L_{0S} = 12.6 + 34.73\lg V_{S} + \Delta L_{路面}$ （C.1.1-3）

中型车 $\qquad L_{0M} = 8.8 + 40.48\lg V_{M} + \Delta L_{纵坡}$ （C.1.1-4）

大型车 $\qquad L_{0L} = 22.0 + 36.32\lg V_{L} + \Delta L_{纵坡}$ （C.1.1-5）

式中:右下角注$_{S、M、L}$——分别表示小、中、大型车;

$\qquad V_{i}$——该车型车辆的平均行驶速度,km/h。

2) 源强修正

公路纵坡引起的交通噪声源强修正量 $\Delta L_{纵坡}$ 计算按表 C.1.1-3 取值。

表 C.1.1-3 路面纵坡噪声级修正值

纵坡(%)	噪声级修正值(dB)	纵坡(%)	噪声级修正值(dB)
≤3	0	6~7	+3
4~5	+1	>7	+5

注:本表仅对大型车和中型车修正,小型车不作修正。

公路路面引起的交通噪声源强修正量 $\Delta L_{路面}$ 取值按表 C.1.1-4 取值。

表 C.1.1-4 常规路面修正值 $\Delta L_{路面}$

路 面	$\Delta L_{路面}$	路 面	$\Delta L_{路面}$
沥青混凝土路面	0	水泥混凝土路面	+1~2

注:本表仅对小型车修正,大型车和中型车不作修正。

3 距离衰减量 $\Delta L_{距离}$ 的计算

当行车道上的小时交通量大于 300 辆/h 时, $\Delta L_{距离} = 10\lg\dfrac{r_0}{r}$

当行车道上的小时交通量小于 300 辆/h 时, $\Delta L_{距离} = 15\lg\dfrac{r_0}{r}$

其中: r_0——等效行车道中心线至参照点的距离, $r_0 = 7.5m$;

$\qquad r$——等效行车道中心线至接受点的距离,m。

$$r = \sqrt{r_1 \cdot r_2}$$

式中: r_1——接受(预测)点至近车道行驶中线的距离,m;

$\qquad r_2$——接受(预测)点至远车道行驶中线的距离,m。

4 地面吸收声衰减量 $\Delta L_{地面}$ 计算

$$\Delta L_{地面} = - A_{gr}$$

当声波越过疏松地面传播时,或大部分为疏松地面的混合地面,且在接受点仅计算 A 声级前提下, A_{gr} 可用下式计算:

$$A_{gr} = 4.8 - (2h_{m}/d)[17 + (300/d)] \geqslant 0 \text{ dB} \qquad （C.1.1-6）$$

式中: A_{gr}——地面效应引起的衰减值,dB;

d——声源到接受点的距离,m;

h_m——传播路径的平均离地高度,m;$h_m =$ 面积 F/d,可按图 C.1.1-1 进行计算。

若 A_{gr} 计算出负值,A_{gr} 可用 0 代替。

其他情况可参照《声学 户外声传播的衰减 第 2 部分:一般计算方法》(GB/T 17247.2)进行计算。

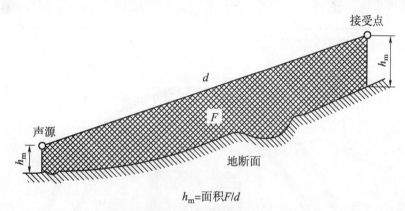

$$h_m = \text{面积} F/d$$

图 C.1.1-1 估计平均高度 h_m 的方法

5 公路弯曲或有限长路段引起的交通噪声修正量 ΔL_1 的计算(式 C.1.1-7)

$$\Delta L_1 = 10\lg(\theta/180°) \tag{C.1.1-7}$$

式中:θ——预测点向公路两端视线间的夹角(°),见图 C.1.1-2 ~ 图 C.1.1-4。

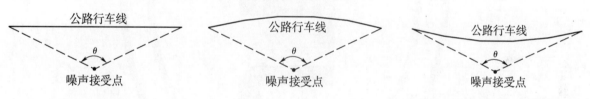

图 C.1.1-2 有限长路段   图 C.1.1-3 公路内弯曲   图 C.1.1-4 公路外弯曲

6 障碍物声衰减量 $\Delta L_{障碍物}$ 的计算

$$\Delta L_{障碍物} = \Delta L_{树林} + \Delta L_{农村房屋} + \Delta L_{声影区} \tag{C.1.1-8}$$

1) $\Delta L_{树林}$ 为林带引起的障碍衰减量。

通常林带的平均衰减量用下式估算:

$$\Delta L_{树林} = kb \tag{C.1.1-9}$$

式中:k——林带的平均衰减系数,取 $k = -0.1 dB/m$;

b——噪声通过林带的宽度,m。

林带引起的障碍衰减量随地区差异不同,最大不超过 10dB。例如北方地区林木密度小,衰减量适当降低。

2) $\Delta L_{农村房屋}$ 为农村建筑物的障碍衰减量。

一般农村民房比较分散,它们对噪声的附加衰减量估算按表 C.1.1-5 取值。

在噪声预测时,接受(预测)点设在第一排房屋的窗前,随后建筑的环境噪声级按表 C.1.1 -5 及图 C.1.1-5 进行估算。

表 C.1.1-5 建筑物噪声衰减量估算值

房 屋 状 况	衰 减 量 ΔL	备　注
第一排房屋占地面积 40% ~ 60%	－ 3dB	房屋占地面积按图 C.1.1-5 计算
第一排房屋占地面积 70% ~ 90%	－ 5dB	
每增加一排房屋	－ 1.5dB 最大绝对衰减量≤ － 10dB	

注:表 C.1.1-5 仅适用于平路堤路侧的建筑物。

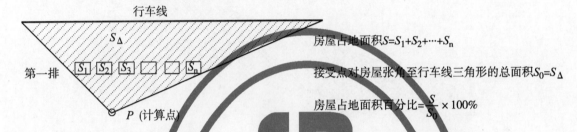

房屋占地面积 $S=S_1+S_2+\cdots+S_n$

接受点对房屋张角至行车线三角形的总面积 $S_0=S_\Delta$

房屋占地面积百分比 $=\dfrac{S}{S_0}\times100\%$

图 C.1.1-5 第一排房屋占地面积计算示意图

3)　$\Delta L_{声影区}$ 为预测点在路堤或路堑两侧声影区引起的绕射声衰减量。

当预测点处于声照区,$\Delta L_{声影区}=0$;

当预测点位于声影区,$\Delta L_{声影区}$ 主要取决于声程差 δ。

在计算绕射声衰减量时使用菲涅耳数 $N_{\max}$。菲涅耳数定义为:

$$N_{\max}=\frac{2\delta}{\lambda} \qquad\qquad (C.1.1-10)$$

式中:$N_{\max}$——菲涅耳数;

　　　λ——声波波长,m;

　　　δ——声程差,m,由图 C.1.1-6 计算 δ,$\delta=a+b-c$;

　　　a——声源与路基边缘(或路堑顶部)距离,m;

　　　b——接受(预测)点至路基边缘(或路堑顶部)距离,m;

　　　c——声源与接受(预测)点间的直线距离,m。

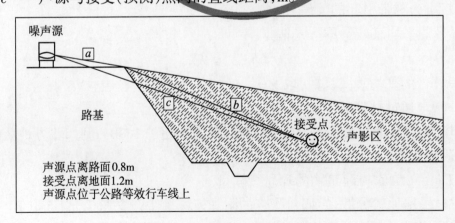

图 C.1.1-6 声程差 δ 计算示意图

线源绕射声衰减量的计算模式如式(C.1.1-11)：

$$\Delta L_{\text{声影区}} = \begin{cases} -10 \times \lg\left(\dfrac{3 \times \pi \times \sqrt{(1-t^2)}}{4 \times \tan^{-1}\sqrt{\dfrac{(1-t)}{(1+t)}}}\right) & (\text{当 } t \leqslant 1 \text{ 时}) \\[4ex] -10 \times \lg\left(\dfrac{3 \times \pi \times \sqrt{(t^2-1)}}{2 \times \ln(t + \sqrt{(t^2-1)})}\right) & (\text{当 } t > 1 \text{ 时}) \end{cases} \qquad (\text{C.1.1-11})$$

其中 $t = 20 \times N_{\max}/3$。

C.1.2 预测模式的适用范围

1 公路交通噪声预测模式适用于双向六车道及以下的高速公路、一级公路和二级公路,其他公路可做参考。

2 预测点在距噪声等效行车线 7.5m 以远处。

3 车辆平均行驶速度在 48~140km/h 之间。

C.2 高架道路和立交区交通噪声预测

C.2.1 高架道路噪声预测

进行高架道路噪声预测时,在交通噪声预测模式中增加一项防撞护栏的降噪量。

C.2.2 立交区噪声预测

分别计算主路到预测点的噪声级、匝道到预测点的噪声级,然后叠加。

预测点的交通噪声小时等效声预测级 $L_{\text{Aeq}}(\text{h})$ 按式(C.2.2)计算：

$$L_{\text{Aeq}}(\text{h}) = 10\lg\sum 10^{0.1 L_{\text{Aeq}}(\text{h})_{\text{mi}}} \qquad (\text{C.2.2})$$

式中：$L_{\text{Aeq}}(\text{h})$——预测点的交通噪声小时等效声级,dB;

$L_{\text{Aeq}}(\text{h})_{\text{mi}}$——各主路、匝道的交通噪声小时等效声级,dB。

其中匝道上的车速按常规取值：

小车:40~50km/h;

中车:30~40km/h;

大车:20~30km/h。

亦可类比调查确定。

C.3 施工机械噪声测试值汇总

C.3.1 公路工程机械噪声测试值见表 C.3.1。

表 C.3.1 公路工程施工机械噪声测试值

序号	机 械 类 型	型 号	测点距施工机械距离(m)	最大声级 L_{max}(dB)
1	轮式装载机	ZL40 型	5	90
2	轮式装载机	ZL50 型	5	90
3	平地机	PY160A 型	5	90
4	振动式压路机	YZJ10B 型	5	86
5	双轮双振压路机	CC21 型	5	81
6	三轮压路机		5	81
7	轮胎压路机	ZL16 型	5	76
8	推土机	T140 型	5	86
9	轮胎式液压挖掘机	W4—60C 型	5	84
10	摊铺机(英国)	fifond311 ABG CO	5	82
11	摊铺机(德国)	VOGELE	5	87
12	发电机组(2 台)	FKV—75	1	98
13	冲击式钻井机	22 型	1	87
14	锥形反转出料混凝土搅拌机	JZC350 型	1	79

C.3.2 沥青混凝土搅拌站噪声测试值见表 C.3.2。

表 C.3.2 沥青混凝土搅拌机噪声测试值

序号	搅拌机型号	测点距施工机械距离(m)	最大声级 L_{max}[dB(A)]
1	Parker LB1000 型(英国)	2	88
2	LB30 型(西筑)	2	90
3	LB2.5 型(西筑)	2	84
4	MARINI(意大利)	2	90

注:以上数据是施工机械满负荷运转时测试的。

附录 D 公路沿线设施污水量定额及污水成分

D.1.1 生活污水量定额见表 D.1.1。

表 D.1.1 生活污水量定额

序号	高速公路管理设施	平均日污水量(L/人)				
		一分区	二分区	三分区	四分区	五分区
1	收费站(无住宿人员)	12~40	30~45	40~65	40~70	25~40
2	服务区工作人员	95~125	100~140	110~150	120~160	100~140
3	管理中心以及收费站(有住宿人员)	95~125	100~140	110~150	120~160	100~140
4	服务区住宿人员	45~90				
5	服务区就餐人员	8~20				
6	服务区过往人员冲洗厕所	10~20				

说明:

第一分区:黑龙江、吉林、辽宁、内蒙古、新疆、西藏、青海。

第二分区:北京市、天津市、山东、河北、山西、陕西、宁夏、河南、甘肃。

第三分区:上海市、浙江、江苏、安徽、江西、湖北、湖南、福建。

第四分区:广东、台湾、广西、海南。

第五分区:贵州、四川、云南、重庆市。

D.1.2 冲洗汽车用水量定额见表 D.1.2。

表 D.1.2 冲洗汽车用水量定额

序 号	车 型	冲洗汽车用水量
1	小客车	10~30L/车
2	客车或载货车	40~80L/车

D.1.3 高速公路管理设施污水浓度见表 D.1.3。

表 D.1.3 高速公路管理设施污水浓度(mg/L)

管理设施 \ 指标	pH(无量纲)	SS	COD	BOD_5	氨氮	石油类	动植物油
管理中心、收费站等	6.5~9.0	500~600	400~500	200~250	40~140	2~10	15~40
服务区	6.5~9.0	500~600	800~1200	400~600	40~140	2~10	15~40

附录 E 环境空气预测模式及参数选择

E.1 预测模式

E.1.1 当风向与线源夹角为 $0 < \theta < 90°$ 时,计算任意形状线源的积分模式(可以计算有限长和无限长线源的浓度分布),如图 E.1.1 公路作有限长线源(AB 段),其扩散模式为式(E.1.1-1):

$$C_{PR} = \frac{Q_j}{U} \int_A^B \frac{1}{2\pi\sigma_y \cdot \sigma_z} \exp\left[-\frac{1}{2}\left(\frac{y}{\sigma_y}\right)^2\right] \left\{\exp\left[-\frac{1}{2}\left(\frac{z-h}{\sigma_z}\right)^2\right] + \exp\left[-\frac{1}{2}\left(\frac{z+h}{\sigma_z}\right)^2\right]\right\} dl$$

(E.1.1-1)

式中:C_{PR}——公路线源 AB 段对预测点 R 产生的污染物浓度,mg/m³;

U——预测路段有效排放源高处的平均风速,m/s;

Q_j——气态 j 类污染物排放源强度,mg/(辆·m);

σ_y、σ_z——水平横风向、垂直扩散参数,m;

y——线源微元中点至预测点的横风向距离,m;

z——预测点至地面高度,m;

h——有效排放源高度,m;

A、B——线源起点及终点。

扩散模式(E.1.1-1)中几何参数关系为:

A.直线线源测点至微元中点的 x 与 y 见图 E.1.1,按式(E.1.1-2)计算:

$$\left.\begin{aligned} c &= L\cos\theta \\ y &= L\sin\theta - S/\cos\theta \end{aligned}\right\}$$

(E.1.1-2)

B.圆弧曲线线源测点至微元中心点的 x' 和 y' 按式(E.1.1-3)计算:

$$\left.\begin{aligned} \theta' &= \Psi + \theta = \frac{L_P}{R}\frac{180}{\pi} + \theta \\ x' &= L'\cos\theta + R\sin(\Psi + \theta) - R\sin\theta \\ y' &= R[\cos\theta - \cos(\Psi - \theta)] + L'\sin\theta - \frac{S}{\cos\theta} \end{aligned}\right\}$$

(E.1.1-3)

式中:L_P——曲线线段弧长,m;

Ψ——与 L_P 相对应的圆心角,(°)。

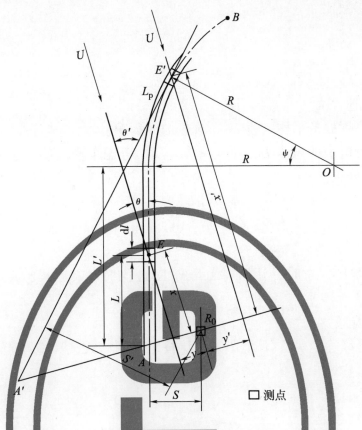

图 E.1.1 公路作为线源的污染物浓度扩散计算示意图

注:θ 或 θ'——风速矢量与线源(公路中心线)夹角,简称风向角(℃);

    L——微元中点至线源起点 A 的距离,m;

    L'——曲线起点至线源起点 A 的距离,m;

    R——曲线公路的曲率半径长,m;

    Ψ——曲线微元中点至曲线起点的圆心角,(°);

    S 或 S'——预测点至线源中心线或微元段中心点切线的垂直距离,m。

E.1.2 当风向与线源垂直($\theta = 90°$)时,其地面浓度扩散模式如式(E.1.2):

$$C_{垂直} = \left(\frac{2}{\pi}\right)^{1/2} \frac{Q_j}{U\sigma_z} \times \exp\left[-\left(\frac{h^2}{2\sigma_z^2}\right)\right] \qquad (E.1.2)$$

E.1.3 当风向与线源平行($\theta = 0°$)时,其地面扩散模式如下:

$$C_{平行} = \left(\frac{1}{2\pi}\right)^{1/2} \frac{Q_j}{U\sigma_z(r)} \qquad (E.1.3\text{-}1)$$

其中,

$$r = \sqrt{y^2 + \frac{z^2}{e^2}} \qquad (E.1.3\text{-}2)$$

$$e = \frac{\sigma_z}{\sigma_y} \qquad (E.1.3\text{-}3)$$

式中:r——微元至测点的等效距离,m;

e——扩散参数比。

E.2 参数选择

E.2.1 平均风速

有效排放源高度处的平均风速 U，可现场监测得出。

如引用气象资料中的风速 U_0，当 $U_0 < 2\text{m/s}$ 时，考虑车辆高速行驶的空气拖动效应，应按式（E.2.1）作修正。

$$U = AU_0^{0.164}\cos^2\theta \tag{E.2.1}$$

式中：A——与车速相关的系数，车速为 $80 \sim 100\text{km/h}$ 时，$A = 1.85$；

θ——风速矢量与线源夹角（°）。

当计算得出的 $U < U_0$ 时，仍用 U_0 代入式（E.1.1-1）或式（E.1.2）或式（E.1.3-1）中。

E.2.2 大气稳定度

大气稳定度分级确定执行《环境影响评价技术导则 大气环境》（HJ/T 2.2）的附录 B 并提高一级。

E.2.3 垂直扩散参数

垂直扩散参数 σ_z 按式（E.2.3）计算：

$$\sigma_z = (\sigma_{za}^2 + \sigma_{z0}^2)^{1/2} \tag{E.2.3}$$

$$\sigma_{za} = a(0.001x)^b$$

式中：σ_{za}——常规垂直扩散参数，m；

a、b——分别为回归系数和指数，取值见表 E.2.3-1；

σ_{z0}——初始垂直扩散参数，m，取值见表 E.2.3-2；

x——线源微元至预测点的下风向距离，m。

表 E.2.3-1 回归系数和指数值

大气稳定度等级	a	b
不稳定（A、B、C）	110.62	0.931 98
中性（D）	86.49	0.923 32
稳定（E、F）	61.14	0.914 65

表 E.2.3-2 初始垂直扩散参数

风速 U（m/s）	< 1	$1 \leqslant U \leqslant 3$	> 3
σ_{z0}（m）	5	$5 - 3.5(U - 1/2)$	1.5

E.2.4 水平扩散参数

水平扩散参数 σ_y 按式（E.2.4）计算：

$$\sigma_y = (\sigma_{ya}^2 + \sigma_{y0}^2)^{1/2} \qquad (E.2.4)$$

$$\sigma_{ya} = 465.1 \times (0.001x)\tan\theta_P$$

$$\theta_P = c - d \times \ln(0.001x)$$

式中：σ_{ya}——常规水平横风向扩散参数，m；

　　　σ_{y0}——初始水平扩散参数，m，取值见表 E.2.4-1；

　　　θ_P——烟羽水平扩散半角，(°)；

　　　x——线源微元中点至预测点的下风向距离，m；

　c、d——回归系数，取值见表 E.2.4-2。

表 E.2.4-1　σ_{y0} 取　值

风速 U(m/s)	<1	$1 \leqslant U \leqslant 3$	>3
σ_{y0}(m)	10	$2\sigma_{y0}$	3

表 E.2.4-2　回归系数

大气稳定度等级	c	d
不稳定(A、B、C)	18.333	1.809 6
中性(D)	14.333	1.770 6
稳定(E、F)	12.500	1.085 7

E.2.5　风向平行于公路中心线时的常规扩散参数确定

A. 常规垂直扩散参数 σ_{zap}，按式(E.2.5-1)计算：

$$\sigma_{zap} = a(0.001r)^b \qquad (E.2.5-1)$$

$$r = \left[y^2 + (z/e)^2 \right]^{1/2}$$

$$e = \sigma_z/\sigma_y \qquad e \approx 0.5 \sim 0.7$$

式中：r——微元至测点等效距离，m；

　　　e——常规扩散参数比，靠近路中心线 e 取小值，反之取大值；

　　　y——线源微元至预测点的横向距离，m。

　其余符号意义同前。

B. 常规水平横风向扩散参数 σ_{yap}，按式(E.2.5-2)计算：

$$\sigma_{yap} = 4.651 \times (0.001y)\tan\left[c - d \times \ln(0.001y) \right] \qquad (E.2.5-2)$$

式中符号意义同前。

C. 初始水平和垂直扩散参数同前。

E.2.6　高峰小时、昼间系数及路基高度取值

采用项目工程可行性研究报告提供的数据。

E.2.7 污染物排放源强度

见表 E.2.7。

表 E.2.7 车辆单车排放因子推荐值(mg/辆·m)

平均车速(km/h)		50.0	60.0	70.0	80.0	90.0	100.0
小型车	CO	31.34	23.68	17.90	14.76	10.24	7.72
	NO_x	1.77	2.37	2.96	3.71	3.85	3.99
中型车	CO	30.18	26.19	24.76	25.47	28.55	34.78
	NO_x	5.40	6.30	7.20	8.30	8.80	9.30
大型车	CO	5.25	4.48	4.10	4.01	4.23	4.77
	NO_x	10.44	10.48	11.10	14.71	15.64	18.38

E.3 预测结果表示

车辆排放污染物扩散浓度预测可按评价路段预测,预测结果用表格表示。

预测点浓度可做日平均浓度预测和高峰小时浓度预测。日平均浓度在日均小时交通量和典型气象(风向、风速和稳定度等)条件下预测,高峰小时浓度预测则在日高峰小时交通量和典型气象条件下预测。

本规范用词说明

执行本规范条文时,对于要求严格程度的用词说明如下,以便在执行中区别对待。

（1） 表示很严格,非这样做不可的用词:

正面词采用"必须";

反面词采用"严禁"。

（2） 表示严格,在正常情况下均应这样做的用词:

正面词采用"应";

反面词采用"不应"或"不得"。

（3） 表示允许稍有选择,在条件许可时首先应这样做的用词:

正面词采用"宜"

反面词采用"不宜"。

（4） 表示有选择,在一定条件下可以这样做的,采用"可"。

公路建设项目环境影响评价规范

（JTG B03—2006）

条 文 说 明

1 总 则

1.0.1 本规范编制的主要法律法规依据有：

《中华人民共和国环境保护法》；

《中华人民共和国水土保持法》；

《中华人民共和国环境影响评价法》；

《中华人民共和国公路法》；

《中华人民共和国水污染防治法》；

《中华人民共和国大气污染防治法》；

《中华人民共和国环境噪声污染防治法》；

《中华人民共和国文物保护法》；

《建设项目环境保护管理条例》；

《基本农田保护条例》；

《交通建设项目环境保护管理办法》。

1.0.2 公路项目环境影响评价的环境要素包括生态环境、声环境、环境空气、水环境、社会环境和景观等内容。

一般公路建设项目宜突出对生态和声环境的评价和环境保护措施的论证，适当弱化地表水、环境空气、危险化学品运输等的环境预测分析。

《建设项目环境保护分类管理办法》对建设项目环境影响评价工作总体要求进行了分级规定。公路建设项目按其建设规模和所在地区环境敏感程度可分别编制环境影响报告书、环境影响报告表。

1.0.3 本规范只对需编制环境影响报告书的项目工作内容和技术方法进行规定。环境影响报告表已由国家环境保护行政主管部门制订了统一格式，因此，填写环境影响报告表的项目可参照执行。公路网规划环境影响评价也可参照本规范执行。公路大气、噪声等环境影响评价采用的模式和计算参数大多在高速公路及一级公路的数据基础上获得，因此，对三级及以下公路的环境预测及评价只能参照执行。

1.0.5 引用标准根据其修订自动调整。主要的标准有：

《地表水环境质量标准》（GB 3838）；

《污水综合排放标准》（GB 8978）；

《农田灌溉水质标准》（GB 5084）；

《渔业水质标准》(GB 11607);

《环境空气质量标准》(GB 3095);

《锅炉大气污染物排放标准》(GB 13271);

《城市区域环境噪声质量标准》(GB 3096);

《城市区域环境振动标准》(GB 10070);

《建筑施工场界噪声标准限值》(GB 12523)。

3 基本规定

3.0.1 公路建设项目为线状工程,点多面广,且敏感点分散,因此,必须突出敏感点评价,简化路段评价。为更好地理解"点段"的概念,此条所谈的"点"实际上就是敏感路段,而"段"则应理解为较长的路段或"区段"。为进一步增强评价的针对性,更好地说明问题和提高评价的效率,应根据环境要素将路线划分为不同的路段,并根据路段的工程特点、区域环境特征及环境功能区划确定各路段的评价工作内容和深度。

3.0.2 环境是由各种环境要素组成的,大气、噪声、水体、土壤、社会经济、文化等都是环境要素,被选择作为环境评价的环境要素的质量参数也叫评价因子。公路项目的环境要素通常划分为生态环境、水土保持、地表水环境、声环境、环境空气、社会经济、景观等。

环境影响识别是指识别受一项开发行为或项目影响的环境要素的各种因子(或参数),受影响的环境因子可以按环境要素及参数分类。公路工程的环境影响是多方面的,最重要的是对景观和视觉、空气质量、交通运输方式、噪声、社会经济、水质和野生生物的影响。对具体项目评价环境因子的确定必须在工程分析和影响识别的基础上进行。本条所列的环境要素可进行选择性评价,同时也应按照区域特殊的环境特征增加必要的评价环境要素。

3.0.3 按照项目工程特点、区域环境特征及环境功能区划,对不同的环境要素可各自进行路段划分,并根据相应路段的环境特征对其规定评价工作要求。公路建设项目不划分项目的整体评价工作等级。

按照《环境影响评价导则》的相关规定,环境要素的评价工作等级可分为三级。一级应进行全面、深入的评价,二级应针对重点问题进行深入评价,三级为一般性评价。对于公路建设项目,生态、噪声和环境空气可进行评价等级划分。水土保持、地表水、环境空气、景观等只需确定重点(敏感)路段和一般路段,并确定其工作内容和深度,不划分评价等级。就具体项目,个别环境要素评价,如环境空气,可不进行环境现状实测,而只进行简单的叙述、分析。

3.0.4 在环境影响报告中引用的工程量等宜与项目的初步设计文件一致,也可根据项目的实际情况采用工程初步设计外验材料、工程可行性研究报告或工程预可行性研究报告的数据,报告书应注明所引用资料的来源。

对本条规定的内容报告书中均应有反映,但编制的深度则应根据项目特点进行选择。

3.0.5 就公路建设项目而言,"保护"就是通过"避绕"、"少扰"等手段,减少工程对现有生态平衡的破坏。在工程选线中要注意避开需特殊保护区;在工程设计中要考虑采用高架桥或隧道通过生态脆弱或地质不良地段;在工程施工时要尽量减少对植被的破坏。"预防"是通过工程设施防止可能出现的生态问题。如利用边坡防护和截排水系统,防止边坡失稳带来的水土流失;利用导流、防护设施防止水流对河岸的冲刷;利用通道解决动物跨线迁徙问题。"治理"是一种被动的措施,但可通过防治结合提高其主动性。如通过抗滑桩、挡墙、锚杆、锚索防治和处理边坡失稳;通过网格绿化固沙防沙;通过集中取土,造塘养鱼来补偿湿地;通过植被覆盖、复垦处理、设置挡墙防止弃方带来的水土流失;通过声屏障等减缓噪声影响等。总之要采用保护、预防、防治的一切手段,将公路建设对生态破坏、环境污染的影响降至最低。

3.0.6 对于涉及环境保护投资较大或公众较敏感的环境保护措施,应提出两个以上(含两个)备选方案。由于公路交通污染状况与交通量等有直接的关系,因此对于交通噪声污染治理等措施应根据交通量增长情况提出分期实施意见。分期实施,既包括在不同阶段采取不同的治理措施,也包括同一设施分阶段分规模(处理能力)完成。对于声屏障等设施,应在主体工程设计阶段完成设计,根据交通量增长情况适时完成实施。

3.0.7 对于改扩建的公路项目,应注意对其进行环境影响、环境对策和环境治理效果三者的"有"与"无"分析,在采取环境保护措施时应根据受影响对象及对应的防治责任分别提出不同的对策。对于只进行道路加宽和加罩面的公路工程项目,在公路路侧建筑控制区内修建的环境敏感建筑物按已有工程进行污染控制;对于采取截弯取直等线形改造项目的公路路段则应按新建公路项目的要求进行污染控制。

3.0.8 由于某些环境影响指标尚难以量化,或缺乏统一的量化方法,因此,暂不要求全部采取量化指标。为便于比较,宜尽可能采取量化的指标并说明采取的量化方法。

3.0.9 环境保护投资是贯彻环境保护基本国策、实现环境保护目标的重要保证。国务院环境保护委员会、国家计委 1987 年颁布的《建设项目环境保护设计规定》中明确规定:"环境保护设施按下列原则划分:(一)凡属污染治理和保护环境所需的装备、设备、监测手段和工程设施等均属环境保护设施;(二)生产需要又为环境保护服务的设施;(三)外排废弃物的运载设施、回收及综合利用设施、堆存场地的建设和征地费用列入生产投资,但为了保护环境所采取的防粉尘飞扬,防渗漏措施以及绿化设施所需的资金属于环境保护投资"。但其中的原则(二)在项目中实际应用较易引起争议。鉴于公路建设项目中兼具环境保护功能的公路主体工程较多,如桥梁、涵洞、互通立交、跨线桥、渡槽、路基防护与排水、沿线设施等,本规范采用交通部《公路交通行业环境保护投资界定》课题成果,对环境影响报告书中的环境保护投资项目进行了规定。

4 工程概况与工程分析

4.0.1 工程概况的主要内容是指:

1 路线主要控制点包括路线起点、终点和较重要的路线必经地点。

2 主要技术指标应包括路线长度、公路等级、车道数量、路面材料、设计防洪频率等。

3 主要工程量清单应包括土石方数量、桥涵数量、隧道数量、立交数量等。

4 交通量预测数据应包括与环境预测年份对应的交通量及公路远景交通量。

6 应包括永久占地和临时占地数量。

4.0.2 工程分析内容应根据建设项目的工程特征,包括建设项目的类型、性质、规模、开发建设方式与强度、能源与资源用量、污染物排放特征,以及项目所在地的环境条件来确定。公路项目作为非污染的生态项目,包括与产生污染物有关的建筑工艺过程及其污染物的产生源、污染物种类、数量、治理措施、排放源强和排放方式、资源和能源的储运、交通运输、土地利用、运营期事故和废物处置及控制等分析,并宜初步估计其环境影响。

公路建设项目的建设环节和过程基本相同,其对环境产生影响方式也相似,但由于工程建设标准、项目所在地环境敏感性和环境管理要求差异较大,工程分析应注意三者的结合,突出重点。

4.0.6 工程分析深度定位为定性分析,不要求进行预测计算和评价,因此,其总体要求是通过分析给出以下主要方面的意见或结论。

1 公路一般采取同地(村)安置,主要说明有无因地形或其他因素限制,使宅基地无法落实的情况,如有,应进一步提出可能的选择方案;

2 主要从水土保持角度对其合理性提出意见;

5 应根据路线所处地区的地域特征、污水量等初步分析适用的污水处理工艺。

5 社会环境影响评价

5.1.1 公路建设项目社会环境影响评价是指对拟建公路项目所引起的社会环境变化进行定性或定量的分析评价,以及提出消除或减缓不良效果的措施。

1 区域社会环境评价:主要指对公路所涉及区域内的工农业生产、经济开发与发展规划、资源利用、交通运输体系、文化教育等因素在项目建设影响下的宏观变化与发展的分析评价,这种影响通常体现为公路建设的社会效益和经济效益。

沿线社会环境评价:主要指项目建设自身或环境质量变化等因素对公路沿线地区的社区发展、农村生计方式、居民生活质量、征迁安置、土地利用、基础设施、文物古迹和旅游资源等因素的直接影响以及变化情况的分析评价,这种影响通常表现为公路占用、干扰或关联等对两侧附近人群和单位造成的直接影响。

3~4 评价因子及其影响程度

1) 社区发展:社区指聚居在一定地域范围内的人们所组成的社会生活共同体,它包括地域、共同关系和社会互动。社区发展指建设项目路线经过地带的社会群居体的地域、共同关系和社会互动关系的发展情况。以连续的社区为研究对象,从整个社区中间通过者为重大影响;从整个社区 2/3 处通过者为中度影响;从社区边缘通过者为轻度影响。

2) 农村生计方式:指农村居民从事农、林、牧、副、渔等生产的情况及其收入所占的比例。以受影响而改变生计方式的人口数量为研究对象,50%以上人口改变生计方式者为重大影响,20%~50%人口改变生计方式者为中度影响;20%以下人口改变生计方式者为轻度影响。

3) 基础设施:指项目影响区内防洪、农灌、交通、通信、电力等设施。以项目对其占用、干扰、拆迁等影响量为研究对象,在一定的路段内,影响量达到原区段内相应设施数量50%以上者为重大影响;影响量为 20%~50%者为中度影响;影响量为 20%以下者为轻度影响。

4) 征迁安置:指公路建设项目征地、拆迁和再安置。征地指公路工程用地范围之内的土地,由于公路占用需长期或永久的改变其原产出能力,或在施工期临时征用土地影响其产出能力。拆迁指公路工程用地范围内的建筑物和其他地表构筑物由于公路占地而搬迁另建的整个过程。再安置则指对受公路工程占地和拆迁影响的人口及企事业单位采取一系列的措施和步骤,使其生活和生产在较短时间内得到恢复,并尽快提高或至少不降低原有水平的行动过程。

宜分不同路段或地区进行影响评估(通常以乡为统计单位)。占用耕地量大于区段内耕地量40%以上者为重大影响,在 20%~40%之间者为中等影响,小于 20%者为轻度影响。

5) 文物古迹:直接经过省级及以上文物单位保护范围者为重大影响;从省级以上文物单位边缘经过,或直接经过市县级文物单位保护范围者为中度影响;从市县级文物单位边缘经过,或经过无保护等级文物单位者为轻度影响。

6) 土地利用:从已规划用地中间通过者为重大影响;从已规划用地范围 2/3 处通过者为中度影响;从已规划用地边缘通过者为轻度影响。

7) 旅游资源:指已确定的旅游区,或有自然和文化特色具备开发旅游的地域。从地域中间通过者为重大影响;从 2/3 处通过者为中度影响;从边缘通过者为轻度影响。

8) 区域社会环境影响的因子可按以下原则定性确定。

重大影响:地区自然环境和社会环境条件差,或敏感程度高(国家划定的环境敏感区),公路建设规模大、标准高,项目建设对某评价因子的影响致使其发生根本性或重大变化。

中等影响:地区自然环境和社会环境条件一般,公路建设规模较大、标准高,项目建设对某评价因子的影响使其变化较小。

轻度影响:地区自然环境和社会环境条件一般,公路建设规模较小、标准较低,项目建设对某评价因子的影响微小。

确定为轻度影响的评价因子,在报告书中可不做评价。

5.1.2 分段宜根据不同地貌单元结合县/乡级行政区划进行。

5.1.3 评价采用类比方法。根据已建的公路建设项目社会环境影响的调查或项目后评价资料,考虑建设单位经验和管理水平,进行类比分析与评价。

5.2.2 通常应以通过受项目潜在影响较大的行政辖区的路段为典型路段(点)进行调查。社会环境影响评价所需资料一般包括:

1) 《工程可行性研究报告》;
2) 项目影响区行政区划图(省、区、市、县、乡界限清楚);
3) 评价范围内各级政府近年的社会与经济统计资料;
4) 评价范围内各级政府国民经济和社会发展五年计划和中长期规划资料;
5) 建设项目沿线的基础设施资料;
6) 评价范围内的文物古迹、名胜景点和各类资源等资料;
7) 建设项目沿线公众和政府意见资料;
8) 建设项目沿线民众的民族、宗教和习俗等方面的资料;
9) 其他有关资料。

上述资料应以统计部门确认的最新或近三年的资料为准,并注意统计口径的一致性,以便于类比或比较分析。

5.3.1、5.3.2

涉及社区概况、人口结构、经济发展、路线对两侧交往的阻隔、公共卫生、文化设施、交通设施、通讯设施、水利排灌设施及电力设施等内容的分析评价。

社区概况:是指建设项目路线经过地带的社会生活共同体概况,以县为单元计。

人口结构:是指农业人口和非农业人口(反映城市化水平);职工人数和农业劳动力(反映劳动力服务方向)。人口文化结构:主要指初中以上人口占总人口比重;专业技术人员占总人口的比重。

经济发展:是指工业、农业总产值的增长速度和变化的比例关系(反映工业化水平的指标);国内生产总值增长(反映综合经济发展水平),第三产业产值(反映产业结构和社会化程度);年出口总额(反映外向型经济水平);粮食年产量(反映粮食自给程度)。

路线对两侧交往的阻隔:是指公路建成后可能影响路线两侧人员交往,反映路线设计应设置必要的方便人员交往的通道。

居民生活收入:是指居民的纯收入,是反映居民收入水平和生活水平的指标。

公共卫生:是指万人占有医生数、病床及其医疗保健设备数,人群健康情况和地方病的医疗防治等。

文化设施:是指公共图书馆、报纸杂志出版业、电影院、艺术团体、广播、电视等群众文化活动设施。

交通设施:是指铁路、公路、水运、航空、管道等设施,与建设项目有直接或间接联系。在评述中应提出互相促进和避免相互干扰的对策。

通讯设施、水利排灌设施及电力设施与建设项目发生相互干扰时,涉及迁移和避让,要进行经济论证。

5.3.3

2 对再安置工作的基本要求包括:

1) 不低于拆迁安置前的水平;

2) 符合用地规划;

3) 执行国家和地方的法规;

4) 满足被安置户的合理要求;

5) 剩余劳动力:对征地较多而产生的剩余劳动力在近期和远期劳动工作方面,提出指导性意见;

6) 对弱势人群采用优先政策,优先进行生产安置。

3 "有条件时"指项目设计文件或拆迁再安置报告已经完成并有具体的相关资料。

5.3.4 一般采用《工程可行性研究报告》提供的公路路线,并根据相互位置关系进行分析评述。防洪分析主要引用防洪报告的结论条款。

5.3.6 未经上一级政府批复的规划方案不作为评估依据。高速公路项目一般均属于国家级或省级规划项目,在与市县级规划发生无法协调的矛盾时,可建议对市县级相关规划按程序进行调整。

5.3.7 可选择的降低对社会环境不利影响的措施有如下三种。

1 调整线位:对有重大影响的敏感路段,在条件允许时采取。

2 制订工作方案,提前防范:对征地拆迁、基础设施、农村生计方式、社区发展等的不利影响,可制订出项目在设计、施工和营运阶段的相应措施,如施工阶段组织当地劳动力务工、发展当地特有的产业等。

3 设计变更:对有重大影响的敏感路段,采取如增加通道、增加桥涵、收缩边坡、改路为桥等工程措施,减少影响。

5.4.1 公众参与是指为使建设项目的论证更加科学合理,使项目所在地的公众、团体、单位等的合法利益得到充分保证,建设单位与公众之间采取的一种双向沟通与交流的方式。公众参与中的"公众"是一个广义的概念,它不但包括受项目影响的民众,还包括有关的团体、机构和单位。

公众参与目的是通过与公众进行的有效协商,使直接或间接受到项目影响的各群体的利益和意见有所考虑和补偿。充分听取公众意见,不仅是尊重公众的权利,也是减少可能产生的不利于项目建设的问题出现,提高建设项目的社会效益和环境效益的一种有效途径。公众参与是环境影响评价工作的一项必要程序。

5.4.2

1 由建设单位通过各种传播媒体进行新闻发布或召开新闻发布会。向公众介绍项目工程概况、项目直接影响区环境概况、预期的环境影响和防治措施等,以便得到公众的理解和支持,同时能及时根据公众的意见和建议寻求减轻不利影响的措施。包括网上发布、网上讨论等形式发布和收集意见。

2 一般由环境影响评价机构向项目受影响的群体发放公众意见调查表或入户走访,对被调查者的意见进行统计分析,并提出反馈意见给建设单位和设计单位。也可由政府项目主管部门、建设单位和环境影响评价机构共同或单独召开公众座谈(听证)会。向公众介绍项目工程概况、项目直接影响区环境概况、预期的环境影响和预防措施等,并接受公众的质疑,充分听取各方面意见。

3 主要采取发放调查表的方式。调查表应有工程主要内容的介绍,包括路线走向、建设规划、建设标准、涉及的主要环境敏感点等。特别敏感的路段可画简图说明。

调查表应使调查对象能较全面地反映对建设项目的意见和建议。调查表的内容要注意全面性、层次性、次序性和无重复性。

调查表可包括公众对修建公路的态度、对路线走向的意见、对项目的认识程度、对项目环境影响的认识、对征地拆迁的意见、解决环境问题的意向方法等内容。

调查中,在对建设项目的规划和计划等问题进行说明和解释时,要实事求是,不能暗示、诱导和要求调查对象回答问题。

调查表可分为户级调查表和群体调查表两种。调查表格式可参照表5.4.2-1和表5.4.2-2。

表5.4.2-1 沿线企事业单位、政府机构及社会团体意见调查表

单 位 名 称	所 在 地 区	单 位 人 数	填 表 人
单位主要从事行业	单位与公路位置关系	单位可能受到的影响	联系方式
项目简介:主要控制点、技术指标、建设规模、建设时间等			
对修建该公路的看法和态度			
对改公路走向的具体意见			
修建该公路对本地区经济发展的影响			
修建该公路对本地区社会公共事业的影响,如能源、交通、通信、文化娱乐、卫生、教育等			
修建该公路对本地区生态环境的影响			
修建该公路对民众生活质量的影响			
修建该公路对本地区文物古迹、文物景点有何影响			
对修建该公路的具体要求、建议及其他需要说明的问题			

注:本表格不够填写时,请附纸填写。

调查人: 调查日期: 年 月 日

表5.4.2-2 沿线公众意见调查表

被调查者姓名	性 别	年 龄	民 族	文化程度
单位或住址	职 务	职 业	与项目关系	可能受到的影响
项目简介:主要控制点、技术指标、建设规模、建设时间等				
是否赞同修建该公路	赞 同	不赞同	不知道	
是否同意该公路的选线、走向	同 意	不同意	不知道	

修建该公路是否有利于本地区经济的发展	有利	不利	不知道	
修建该公路要占用部分田地,要拆迁一些住房,你对此有无意见	没有	有	不知道	
是否了解公路征地/拆迁补偿政策	了解	了解一些	不了解	
是否服从征地/拆迁和重新安置	服从	有条件服从	不服从	
对安置补偿工作有何要求	经济补偿	就地安置	变更职业	其他
公路建设对你影响较大的是	噪声	汽车尾气	灰尘	其他
建议采取何种措施减轻影响	公路绿化	声屏障	远离村镇	其他

注:(1)请你用"√"表示你对每个问题的态度,如"赞同 √"等;

(2)对于其他意见和建议以及一些具体要求,请书面表达,可附纸说明。

调查人: 调查日期: 年 月 日

4 参与协商的政府部门主要有负责规划、环境保护、水土保持、文物保护、交通、国土、渔业等政府管理部门。根据项目性质,根据需要可涉及不同等级的政府部门,从乡镇级政府,到国家有关部委办。

5 可由政府项目主管部门、环境保护行政主管部门、建设单位或环境影响评价机构单独或共同召开专家咨询会或审查会,对项目的有关环境文件、环保措施的可行性进行咨询或评审。咨询专家人数一般不少于5人。应支持感兴趣的团体(如环境志愿者)参加会议。

6 建设单位、负责项目审批的环境保护行政主管部门和环境影响评价机构应有供公众查阅的环境影响报告书简本。

5.4.3

1 公众个人

1) 据调查范围内人员结构状况、数量分布等确定调查对象。

2) 确定调查对象采用抽样方法进行,同时有目的地调查当地人民代表或熟悉当地各方面情况的人员。

3） 选择可能受占用土地、拆迁房屋影响的公众,以及需要搬迁或部分征用土地的单位和群体。

4） 特别注意选择对项目不利影响承受力较差的人群(如残疾人家庭、老龄家庭、孤儿家庭、贫困户等)。

2 当地政府/单位

对建设项目沿线的乡镇、县、地市的政府,企业以及其他单位进行调查。调查的重点是对建设项目对其自然环境和社会环境主要方面影响的意见和建议,以及发展趋势的预测。

3 专家

除交通、环保专家外,应根据具体情况选择农业、林业、水力、水土保持、城建、文物以及社会学家等。可采用专家会议和专家个人咨询等方法。

4 根据沿线人员的结构分布,以及所在村庄、单位的地理位置等,一般可按比例,适当确定调查对象的结构和数量。对于较重要的村庄、单位,被调查的人员数量可适当增加。

5 有关环境保护措施方案的调查,应调查直接受影响人群的意见。本款直接受影响人群是指将从环境保护措施中直接受益的人群。

5.4.7

1 从被调查人员基本情况统计结果可反映出调查对象的结构情况,以及一定区域内人员的代表性,为分析调查结果提供基础数据。

2 从统计结果可知在被调查人员中对各类问题持某种意见的人数比例,从而推断一定区域内公众对拟建项目的态度。

3 结合调查了解的实际情况,分析公众意见的合理性,为解决环境问题提供依据。

4 采用统计分析方法,做出较全面、客观的分析结论。在分析中,要坚持真实、客观的原则,不得编制虚假数据。

5 注重直接影响区公众的意愿,尽可能的减少项目带来的不利影响。

5.4.9 对公众如下方面的具体意见和建议,调查人员在整理和归档后应及时反馈给项目法人。

1） 对征地拆迁和安置补偿的意见;

2） 要求解决生活、生产困难方面的意见;

3） 对高等级公路全封闭以及要求设置通道、跨线桥、涵洞的意见;

4） 对路线方案和施工工期的意见;

5） 弱势人群的意见和要求;

6） 地方政府对取、弃土场所选择及复垦方案的意见;

7） 其他关心问题。

6　生态环境影响评价

6.1.1　生态环境影响评价宜按公路所经地区不同的生态系统类型进行分段评价,如城市生态系统、农业生态系统、森林生态系统、草原生态系统、水域生态系统等。路段划分不宜过多、过细,并且不宜完全以地形地貌决定。

在不同路段内,应就重要和关键生态影响因子的情况确定不同的工作要求。不同路段的关键生态影响因子也可不同。明确重点评价区域和关键生态影响因子的要求,系"以点为主、点段结合"评价方法的具体体现,遵循的指导思想就是重点评价和一般宏观评述相结合,重点关注局部敏感生态系统和典型生态因子;其实质在于,生态环境影响评价应将工程建设对周围敏感区域和相应的生态因子可能产生突出影响的局部路段和工点作为焦点,而不是全线按一个深广度进行评价。一般而言,大桥、隧道、高填深挖路段应进行重点评价。

取弃土(渣)场(采石场)通常不改变其原有的生态功能,而主要涉及水土保持,因此,取弃土(渣)场(采石场)的生态环境影响评价宜纳入水土保持专题(节)。

6.1.2　公路建设项目呈带状分布,线长点多,地理跨度较大,分布区域通常呈现为不同的生态类型和生态敏感性,唯有按不同设施所在的不同区域(路段)具体划分评价工作等级,才能科学地制定评价工作目标和指导原则,更好地适应公路建设项目及其影响区域的生态环境特点,分清主要矛盾和次要矛盾,突出重点,达到保护和改善受影响区域生态环境的目的。

评价工作级别的划分遵循《环境影响评价技术导则　非污染生态影响》(HJ/T 19)中的相关原则,同时针对公路建设项目的特点,明确了按不同区域(路段)划分评价工作等级的原则。本条中"荒漠化"的量化指标如下:潜在荒漠化的生物生产量为$3\sim4.5t/(hm^2\cdot a)$,正在发展的荒漠化为为$1.5\sim2.9t/(hm^2\cdot a)$,强烈发展的荒漠化为$1.0\sim1.4t/(hm^2\cdot a)$,严重荒漠化为$0.0\sim0.9t/(hm^2\cdot a)$。大、中型湖泊、水库的划分标准执行《环境影响评价技术导则　地面水环境》(HJ/T 2.3)的规定。土壤侵蚀强度按《土壤侵蚀分类分级标准》(SL 190)确定。

6.1.3　生态环境影响评价范围的确定原则为:生态因子之间互相影响和相互依存的关系是划定评价范围的原则和依据。公路工程生态环境影响评价范围主要根据各路段所在区域与周边环境的生态完整性确定。

鉴于公路建设项目一般为带状工程,线长点多,普通线路的生态环境影响多呈相似特征,因此规定了以项目区域有无敏感生态因子为依据,分别确定评价工作等级及评价范围的办法。针对不同的评价工作等级分别规定评价范围,是在充分研究、考虑以往公路建设项目实际生态环境影响范围的基础上确定的。

公路涉及省级(含)以上自然保护区时,本条规定提出了距实验区边界外5km的调查范围,目的是为了在现场踏勘和调查阶段能够较全面、准确地识别保护区与建设项目的相互关系,以及可能产生的环境影响,进而研究确定具体评价范围。

对于受工程直接影响的原生、次生林地,当建设活动将引起整个植物群落的结构和功能改变,导致其生态完整性和稳定性破坏时,应以受影响的整个植物群落为评价范围;否则评价范围仅限于本款规定的评价范围。

6.2.1 在进行现场生态调查时,为发现和甄别关键生态影响因子及潜在的生态影响,确定合适的评价范围,可在这阶段适当扩大调查范围。

6.2.2 关于生态环境现状调查的内容参照了HJ/T 19中的相关规定,强调收集利用既有资料、特别是各类图件和照片。对一级和二级评价提出实地调查的要求,是为了适应较高评价深广度的需要,三级评价应以收集资料为主。

此处"直接影响区"的内涵与5.1.1节区域社会环境评价因子评价范围的内涵一致。

6.2.3 生态环境调查方法主要有:

——样方调查法:选取典型拼块内的矩形区域,勘察其内的土壤类型、物种、生物量、生产量及其他需要调查的生态因子,作为确定同类拼块生态特征的依据。采用样方调查法时,应根据调查对象的相对同质性,选取合适的样方面积。

——目测和摄影、摄像:通过现场目测、拍摄照片和录像记录调查区域内的生态特征。

——收割调查和经验估算法:通过实物收割、称重和经验估算测定生物量,通常适用于草本植物和农作物;进行经验估算时应咨询当地有经验的农民或有关专家。

6.3.1 影响评价分级分区图、重要生态敏感点分布图和重要生态保护目标平面图可以采用项目平纵断面缩图、工程平面图作为基础图件,同时参照现场调查搜集到的生态规划图、各级自然保护区、风景名胜区、森林公园的分布图和平面图进行绘制。对于自然保护区、风景名胜区和森林公园,当其距离公路中心线距离不足(含)5km时,图件中均应明确标示出其位置。

6.3.2 现状评价内容应根据公路建设项目的具体工程影响区域范围和特点进行识别、甄选,并选择合适的评价指标,同时应注意贯彻分段(分区)确定评价工作等级和评价内容的原则。

对一级评价要求交代的物种多样性,可在卫星、航测照片或地形图上采用平行线段等分法进行统计分析。平行线段等分法是在反映评价区域的照片或图件上绘制若干平行线,并按一定长度进行等分,然后统计落入每一线段上的物种,进而结合物种的密度和频率说明区内的物种多样性和异质性。

6.4.1 预测方法各有其优势和局限性,应根据评价项目实际情况选用或综合运用几种方法。

——类比预测法:根据已建成的类似项目对生态环境的影响分析预测拟建项目的生态环境影响。类比预测法大量应用于宏观分析和预测,要求拟建项目及其周边生态环境特征与类比项目相似,且类比项目的生态环境影响已趋于稳定;实际评价中很难出现完全类同的项目,因此类比法多适用于分析预测拟建项目部分工程或某一因子的生态环境影响。

——图形叠置法:将项目设施、评价区域生态特征、受影响环境要素和潜在生态影响因子叠合在地形图或卫星、航测照片上,直观地说明项目生态环境影响。图形叠置法实用、简便,且非常直观,特别适合对于自然保护区、敏感生态系统影响的判定,是目前兼具操作性和科学性的评价方法;其缺陷是在定量分析上尚不够精确。

图形叠置法结合地理信息系统分析代表了国内外建设项目生态环境评价方法的主流。本方法宜结合典型断面图进行分析。

——经验分析与专家咨询法:通过以往积累的经验和专家系统评估项目可能产生的生态环境影响。对于多维、多因子、不确定性较大的生态环境影响,经验分析与专家咨询法提供了一种行之有效的分析手段,实用性好;缺点是精度、准确性受到限制,随意性较大;一般用作辅助分析方法。

6.4.2 本款对各级评价的主要预测分析内容做出了明确规定。实际评价中应贯彻分段(分区)确定评价工作等级和预测内容的原则,注意:

——三级评价侧重于土地利用的变化分析和重要工点、敏感环境要素的生态影响宏观分析;项目实施对评价范围内自然保护区、风景名胜区、森林公园的潜在影响;通过分析说明项目实施后对路域产生的主要生态影响和关键生态影响因子。

——二级评价除沿线生态影响宏观分析外,应就工程影响区域的所有潜在生态干扰、主要生态因子和重要野生动植物、优势植被或拼块的变化、整体生态结构可能产生的变化给出说明。植被和自然资源预测分布图、景观干扰断面分析图宜利用1:2000平面图和横断面图进行绘制。

——一级评价强调对生态系统结构、功能、稳定性、物种多样性变化趋势、抗干扰能力的影响分析,增加了对珍稀濒危动植物物种、栖息地和迁徙通道的影响预测内容,对评价深度、生态图件提出了更高的要求。

影响区域的资源分布图和生物量图表可以用工程平面图、地形图作为基础图件,结合收集到的现状图表和预测分析结果进行绘制。

6.4.3 工程前后评价区域生态指标的对比定量分析主要利用现状调查、收集资料,并按工程设计资料对有关指标的变化进行测算,进而做出对比分析。

　　大量应用卫星遥感和航测技术、地理信息系统代表了生态环境影响评价的技术发展趋势,公路建设项目生态环境影响评价应积极推广和应用。

6.5.1　生态保护措施可归纳为规范中所列出的六类,但并不一定限于这六类。提出的措施应具有环境影响治理的针对性、技术上的可实现性和经济上的可行性。公路绿化植物选择应注意乔灌草结合,以路界内绿化为主。

7 水 土 保 持

7.1.1 对于路线处于山区、丘陵区、风沙区(简称"三区")的公路建设项目,按有关规定需编制独立成册的《水土保持方案报告书》。因此,在环境影响报告书中水土保持的内容可相应适当简化,只需引用《水土保持方案报告书》中的相关结论内容。

7.1.2 在"三区"外的公路建设项目不需编制独立成册的《水土保持方案报告书》,但需在环境影响报告书中列专章或专节进行评述。此类项目,应遵循点线结合、以点为主的原则,主要针对局部高填深挖路段、不良地质路段、长隧道、特大及大型桥梁和集中取弃土(渣)场进行水土保持评述。

7.2.2 本条规定的占用各种土地数量,可利用该工程可行性研究资料或初步设计文件资料分段收集征用土地数量与类别进行统计。

7.3.1 根据"谁开发谁保护,谁造成水土流失谁负责治理"的原则,项目水土保持防治责任范围及面积主要指:
1) 主体工程水土流失面积(边坡坡面、路基顶面);
2) 取弃土(渣)场占地面积和坡面面积;
3) 施工便道及临时占地面积。

7.3.3 分析评价公路建设项目中既有的边坡防护工程、排水工程、绿化工程等具有水土保持功能的水保效益。主要是指以下工程:
1) 拦渣工程(拦渣墙、拦渣堤、滚水坝、拦水土坝等);
2) 护坡工程(边坡平台、工程防护、植物护坡、综合护坡工程等);
3) 绿化工程(分隔带绿化、路侧绿化、互通立交区绿化、服务区绿化、取、弃土场绿化等);
4) 复垦工程(取、弃土(渣)场的复垦、临时占地的复垦、取土场(坑)改蓄水池或鱼塘工程等);
5) 沿溪线的河道治理工程(治理长度、工程量等);
6) 排水工程(截水沟、急流槽、边沟、排水沟、路面径流蓄水池与蒸发池等);
7) 分离式路基与半旱桥工程(减少开挖面积、减少弃土(渣)数量)。

7.3.4 公路建设项目施工期的水土保持,主要指路基开挖产生裸露坡面后在雨季采取的减轻或防治水土流失的各种措施。如覆盖草帘、塑料布、土工布、临时沉沙池、拦渣栅等。

新增水土保持措施的投资估算编制依据应以公路交通行业的工程概预算定额标准为依据,当公路行业缺乏概预算定额标准时,可选择相关行业或项目所在地区相关的定额标准进行。

水土流失防治效益分析,主要指采取各项水保措施之后减少或控制水土流失量的效益;减少土地沙化及改善路域生态环境的效益,以及做好水土保持对项目防洪保安全,增加经济效益的作用等。

8　声环境影响评价

8.1.2　路段评价和敏感点(路段)评价定义见2.0.7和2.0.8。路段交通噪声评价是按交通量预测将全线划分为若干段,高速公路通常以互通立交为划分的节点。

路段交通噪声评价是为了说明路段"一般"噪声污染水平,选择路段日均昼夜交通量、路段平均路基高度等参数给出路段交通噪声衰减规律(图或表),预测点一般选择距离路中心线20m、40m、60m、80m、120m、160m、200m。并分别给出路段昼间70dB、65dB和60dB达标距离,夜间55dB、50dB和45dB达标距离。必要时可以画平面等值线,划线时不考虑地形和建筑物的影响。

敏感点(路段)交通噪声评价针对噪声敏感目标,噪声敏感目标是指:学校教室、医院病房、疗养院、集中居民点等对噪声有限制要求的噪声敏感建筑物或区域。

敏感点(路段)交通噪声评价,应选择所在路段的预测交通量数据、实际道路结构参数(宽度、高度等)、敏感目标分布及建筑结构等进行交通噪声预测,与现状噪声监测值进行叠加后与噪声评价标准进行对比评价。预测点一般选择噪声敏感建筑物窗前1m,必要时还可分别给出昼间70dB、65dB和60dB,夜间55dB、50dB和45dB的平面等值线图,划线时应考虑实际地形、地表类型和各种地面附着物(建筑物、树木等)的影响。

敏感(点)路段长度一般按沿路线分布的噪声敏感建筑物长度,再加2倍的噪声敏感建筑物与路中心线距离确定,必要时可适当延长但单边的延长段长度不超过200m。经过动物保护区的路段,按两端各延长300m确定。经过城市规划区的路段,按规划区范围直接确定。

8.1.3　噪声敏感点(路段)评价工作级别的划分参照《环境影响评价技术导则　声环境》(HJ/T 2.4)的相关原则,在综合考虑噪声敏感目标类别、建设前后噪声级变化和受噪声影响人数因素后结合公路建设项目噪声污染特点后确定。具体敏感点(路段)的评价等级应依照本款划分原则和就高不就低原则进行确定。

"连续分布"指居民住房在路线纵向上相互间没有超过100m的断带。

本款中噪声敏感目标与公路的距离均指交通噪声可直达的距离。

8.1.4　大量监测数据证实,公路交通噪声影响范围基本在上述评价范围内。

8.2.2　噪声敏感目标监测点位的设置遵循以下原则。

学校、医院等噪声敏感目标一般选择在教室和病房距路最近的窗口外进行监测;疗养院、大型居民点、保护区则除在距路最近的敏感建筑物外进行监测外,还应选择一处背景环境噪声监测点(自然保护区只做背景环境噪声监测);对三层以上的建筑物还应考虑在与路面高差最小的楼层进行监测,对于八层以上的高层建筑宜布设三个以上监测点位。

环境噪声在规定的测量时间内,每次每个测点测量 10min 的等效声级。

交通噪声在规定的测量时间内,每次每个测点测量 20min 的等效声级。

断面监测点距公路中心线的距离一般为 20m、40m、60m、80m 和 120m。

夜间监测时间宜选择在 23:00~5:00 之间。

重要噪声敏感目标是指:(1)200 名以上学生学校的教室、20 张床位以上医院的病房、疗养院、对噪声有限制的保护区等噪声敏感目标;(2)50 户以上的居民集中区;(3)地区级以上城市已规划区;(4)野生动物保护区。

对于新建公路有影响的既有公路应布设监测点。

8.4.2 模式为推荐模式。

8.5.1 可选择的施工期噪声防治管理措施主要有:

1 采用低噪声施工机械,限制强噪声的施工机械施工时段。

2 按劳动卫生标准控制工人工作时间,或对操作者及有关人员采取个人防护措施。

3 料场、拌合场、沥青搅拌站等应离开敏感点不小于 100m。

4 施工便道应远离敏感点,尽量避免穿越居民集中区。

5 地方道路交通高峰时间停止或减少运输车辆通行。

8.5.3 由于噪声预测模式是在统计情况下建立的,实际应用时与交通量预测、车速分布、车型比等均有很大关联,特别是因线位调整导致环境敏感点(目标)距离的改变非常普遍,因此,在环境影响报告书中提出噪声防护措施时应注意其在环境评价阶段的不确定性带来的预测误差。根据模式预测精度分析和公路竣工验收实测数据分析,初期环境噪声预测值超标准 3dB 以下者,以初期进行环境噪声监测、适时实施防治措施为宜;初期环境噪声预测值超标准 3dB 时,应确定初期噪声防治措施及费用估算。

可选择的噪声防治措施有:

1 声屏障:通常适用于高路堤、路中心线 60m 内 50 户以上低层敏感建筑物的防治;

2 建筑物隔声措施:通常适用于敏感建筑物分布较分散或采取声屏障措施后环境噪声仍超标时采取;

3 调整公路线位:在条件允许时优先采取;

4 低噪声路面:在条件允许时优先采取;

5 调整建筑物使用功能:在条件允许时优先采取;

6 搬迁:在条件允许时优先采取;

7 环境设施带:在条件允许时优先采取;

8 经济补偿:可在无其他可行措施,且受影响人群能接受时采用。

9 景观影响评价

9.1.1 目前国内外对景观(landscape)一词存在多种解释,既有地理学范畴的,又有美学范畴的,还有生态学范畴的。本规范的"景观评价"界定为"公路景观"的美学内容评价,"公路景观"一词引用自《大百科全书》有关条目。

　　本规范所称的景观是指公路路线、路面、沿线构造物、沿线设施、附属设施等人工构造物同公路通过地带的自然景观与人文景观相互融合后构成的景观。

9.1.2

　　1　公路内部景观评价对象主要由公路线形、工程构造物两部分组成。"公路线形"评价须依靠公路设计人员来完成,故本规范暂只要求进行工程构造物景观评价。如条件允许或确有必要进行"公路线形"景观评价,可与路线设计人员协作参考本规范、《公路环境保护设计规范》(JTG B04)和《公路路线设计规范》(JTG B20)等有关内容进行。公路构造物种类多,应分类后选择代表性构造物进行评价。工程构造物通常划分为桥梁、隧道、跨线桥、服务区建筑物、互通、边坡等类别。

　　2　景观敏感区是指路线通过或公路使用者视线可及的省级及以上自然保护区、风景名胜区、森林公园、文物保护单位、历史文化保护地等及对沿线当地有特殊价值的外部景观因子。

　　对路线所经地区有特殊价值及意义的景观因子(如与路线经过地区居民生活关系较密切的古树名木、纪念物、风水林地等)可考虑对其进行简单评述。景观敏感路段是指在视线范围内可能与景观敏感区造成视觉冲突的路段,景观评价中应首先确定敏感路段。

9.1.3 特殊工程构造物一般指大跨径桥梁、大型互通和长隧道出入口。包括:长度大于等于500m的桥梁或单跨大于等于100m的桥梁;通过省级(含)以上风景名胜区、自然保护区、森林公园、文物保护单位等景观敏感区的长度大于等于100m小于500m的桥梁或单跨大于等于40m小于100m的桥梁;单洞长度大于3000m的隧道;通过省级(含)以上风景名胜区、自然保护区、森林公园、文物保护单位等景观敏感区的单洞长度大于250m的隧道;枢纽型互通立交;位于省级(含)以上风景名胜区、自然保护区、森林公园、文物保护单位等景观敏感区的互通立交等;位于省级(含)以上风景名胜区、自然保护区、森林公园、文物保护单位等景观敏感区的跨线桥;高度大于60m的路堑边坡;位于省级(含)以上风景名胜区、自然保护区、森林公园、文物保护单位等景观敏感区的高度大于30m的路堑边坡;省界处的高速公路主线收费站大棚;位于省级(含)以上风景名胜区、自然保护区、森林公园、文物保护单位等景观敏感区的附属设施的主体建筑物(如收费站大棚、服务区综合楼等）；位于省级（含）以上风景名胜区、自然保护区、森林公园、文物保护单位等景观敏感区的声屏障；其他公众反映认为需进行专门评价的构造物。上述几种类型构造物在评价中可根据需要及具体情况选取。外部景观评价只针对景观敏感路段进行。

9.2.1 工程构造物的美学评价因子较多（如：色彩、比例、造型、尺度、节奏、韵律、对比均衡、协调统一等等），为便于操作，结合公路工程构造物的特点可选择造型、色彩及与环境的协调统一性等几项重点因子进行评价。

9.2.2 外部景观因子受到的影响既有正影响也有负影响，评价时一般侧重负影响。
外部景观因子的价值属性主要包括以下几个方面：
1 完整性：外部景观因子的不可分割性及因子内各组成部分的相互关联性；
2 美学价值：自然景观的美感度、奇特性等；
3 科学价值：科普教育价值、科学考察价值；
4 生态价值：区域生态功能、保健价值；
5 文化价值：历史意义、文化内涵、现实意义、游乐价值等。

9.3.2
1 分别分析由路内典型视点观看外部景观因子及由外部景观因子典型视点观看拟建公路时所产生的不同视觉景观效果以及公路建设对外部景观因子的影响程度，主要包括景观因子的完整性、美学价值、科学价值、生态价值及文化价值等方面受到的影响。
2 在条件允许时，宜采用地理信息系统（GIS）、计算机三维模拟等先进的技术进行景观影响评价。
3 特别敏感的外部景观因子指具有极高景观价值的因子，如世界自然文化遗产、国家级文物保护单位等。当公路路线对上述景观因子产生干扰时，干扰途径及影响结果往往较复杂，为稳妥、有效地保护景观因子，避免或减缓公路建设造成的负面影响，可邀请有关专家进行座谈、评议。

9.4.2
1 为充分展现公路沿线优美的景观，可结合停车区、服务区的选址，为公路使用者提供可以观赏优美景观的眺望点，同时为避免路线两侧长距离、单一绿化栽植林带所带来的视觉疲劳及对周围优美景观的遮挡，应采取一定措施"制造"或"预留"出一定长度的视觉走廊，通称"露、透、挡"。
2 替代或减缓措施一般有：
1) 调整、优化线形；
2) 绿化栽植措施恢复被破坏的植被及景观；
3) 绿化栽植遮挡公路构造物，以保护有价值的外部景观因子。

10 地表水环境影响评价

10.1.2 根据《环境影响评价技术导则 地面水环境》(HJ/T 2.3)评价等级划分原则,公路建设项目污水排放量很小,其评价等级应确定为三级评价并可进一步简化,突出对敏感路段的评价。敏感路段是指沿线有环境功能区划规定的 Ⅲ 类及以上水体或具有同等水体功能要求的路段,一般路段是指沿线所经水体为环境功能区划规定的 Ⅲ 类以下水体的路段。

10.1.3 潮汐性河流评价范围按桥位上下游各 1000m。

10.2.2 水环境调查应在受建设项目影响较显著的地表水区域内进行调查,主要调查是否有集中饮用水源、取水口。调查内容能够说明地表水环境的基本状况,能满足地表水环境影响评价的要求。

10.3.2 敏感路段评价中应对地表径流等进行分析论述,并提出切实可行的防护措施,如工程措施、管理措施以及危险品运输管理计划等。

路段污染源预测评价应符合以下规定:

1 可采用类比调查方法预测项目建成后污染源排放的污水量、污染物浓度和排放总量。改扩建项目,还应计算污水量、污染物浓度和排放总量的变化情况。

2 评述污水处理设施的处理效果和处理能力是否能够满足要求、是否需要加强或优化处理工艺、是否需要进行中水回用。

3 统计建设项目污染物排放总量,有总量控制要求的项目按确定的排放总量控制建设项目的污染物排放总量。

10.4.1 ~ 10.4.7

1 地表水环境保护措施应以预防为主,优先采用路线避绕等措施。

2 公路污水处理必须结合当地同类设施的污水处理要求和地区经济发展、气候特征、受纳水体环境功能等环境状况,选用易于维护、处理效果稳定、运行成本低廉的处理方法及设备,确保其投入运营后能持续被利用。

3 公路服务区等附属设施应考虑污水循环利用,特别是中西部地区的公路项目。公路服务区生活污水再生利用时水质应满足行标《公路服务区生活污水再生利用 第一部分:水质》(JT/T 645.1)的要求。

4 集中施工场地一般指集中承担某项施工任务的场所,如灰土拌合站、沥青搅拌站、混凝土预制件场等。

11 环境空气影响评价

11.1.1 公路线路较长,一般在数十至数百公里之间,预测交通量全线并不一致,而是按划分的路段预测的。针对上述特点结合我国环评工作的实践,环境空气评价应按预测交通量所划分的路段分段进行。在路段内选择一个或几个地点作为评价代表点,进行现状调查、监测和浓度分布预测,并以上述评价点的结论代表该路段的评价结论。

11.1.2 根据国内已有的公路建设项目环境影响评价经验,汽车尾气污染物的等标排放量 P_i 均远小于《环境影响评价技术导则 大气环境》(HJ/T 2.2)中规定的分级值 $2.5 \times 10^9 m^3/h$。根据公路建设项目的主要污染物排放量、周围地形的复杂程度以及当地应执行的大气环境质量标准等因素,结合考虑公路建设项目的特点及沿线环境空气敏感点的规模、数量和敏感程度,以及工程治理措施的可能性,对环境空气影响评价可适当从简。

11.1.3 根据已做的公路环境评价、公路竣工环境保护验收调查和公路类比监测表明,公路运营期车辆排放污染物的扩散与公路沿线地形和气象条件有关,扩散后所覆盖的地域为公路两侧与线形平行的带状区域。即便是交通量很大的公路,距公路中心线 150m 以外的污染物浓度已接近背景值。故将路中心线两侧各 200m 的狭长地带作为评价。考虑到评价范围内或边界外附近含有环境空气质量一类功能区的要求和不利扩散气象条件可能造成的影响,在有城镇、风景旅游区、名胜古迹等保护对象时,评价范围可扩大到路中心线两侧各 300m 的地带。

11.1.5 根据高速公路竣工验收监测数据,虽然公路两侧 NO_2 浓度高于全国监测 NO_2 浓度的年日均值的混合平均值 $0.046mg/m^3$,但公路两侧的 NO_2 浓度没有明显的超标现象,通常在路侧 50m 范围内即可满足二级标准。因此,除一级评价需进行模式预测外,二级、三级评价可适当简化。

监测数据同时表明公路两侧环境空气中的 CO 含量通常在路侧 20m 处即可满足二级标准。因此,除一级评价中有较重要的敏感建筑或特殊要求区域(如在城镇已建成区、规划区或特长隧道内)而选用 CO 指标外,一般情况下不选用 CO 指标。

11.2.1 现状调查一般应包括下列内容:

1 拟建公路沿线可能造成环境空气污染的工业企业状况。

2 拟建公路沿线污染源排放特征及危害情况(如污染源种类、排放方式、排放量、排放规律、危害对象及程度)。

3 调查评价地区的环境空气质量地方标准、发展规划;收集沿线地区的环境空气质量常规监测资料;沿线近1~3年的常规气象监测资料。要注意收集在逆温、静风和局部地区环流等不利扩散气象条件下的污染物浓度及分布情况。

4 调查拟建公路沿线环境空气质量功能区的分布、规模及发展规划(如村庄、居民区、医院、学校、文物保护区和游览景点等),以确定环境空气敏感点(路段)并划分评价路段。

11.2.2 三级评价一般不做现状监测,但在缺乏现有资料又有需要时可以进行现状监测,可适当减少采样频次。

11.3.3 气态排放污染物等速工况下单车排放因子 E_{ij}(mg/辆·m)推荐值参考了美国环保局(EPA)1991年执行 MOBIL E4.1 版本模式、因素和计算方法,结合我国对部分车辆所进行的实测结果统计修正得出。具体数据是由国家发布的有关标准,以 i 型车出厂做产品一致性检查时的 j 类气态排放物的单车排放因子标准值为基础,考虑了车速、环境温度、行驶里程增值、车辆折旧更新和曲轴箱泄漏及油箱、化油器的蒸发等因素修正后,从大量的在用车辆排放测试数据中统计计算得出的。

出于修订经费和环境评价重要性因素考虑,本次修订未包括单车源强的修订。在使用时应注意对表 E.2.7 中数值进行必要的削减。

11.3.4

1 大量试验发现,连续点源气态污染物在扩散过程中,顺风水平和铅垂方向的浓度分布都近似高斯分布。因此高斯烟羽扩散式为各国环保工作者所公认,并被普遍采用。汽车行驶时,尾气扩散的现象,严格说是随机流动点源群。但是,在研究公路两侧空间的污染物浓度分布时,将车辆排放物等效为车道上的连续线源并不会带来很大的误差。因此,此种近似为世界各国采用,本《规范》也将车辆排放物作为连续线源处理。

2 排放污染物浓度扩散模式,以高斯扩散模式为基础,各国曾推导出多种实用的气态污染物扩散模式,如我国常用的近似式、内插式,美国 EPA 的 HIWAY-2、加州运输部的CALINE4,得克萨斯州的 TXLINE 和英国的简单桌面模式等。经过监测、验算和对比,除内插式和桌面式差别较大外,对平原微丘地区的直线公路,其他模式的计算结果相差并不大。本《规范》附录推荐的为 HIWAY-2 积分模式,理由为:

1) 此公式适用于各种风向角和直线、曲线各种线形的公路。
2) 算法相对较简单,且有较高的精度。
3) 式中选用的各种参数(主要为扩散参数)经过大量试验和多次修正,可信度较高。

11.3.6 根据车辆源强计算后获得的是 NO_x 的数值,应换算为 NO_2 后与环境空气质量标准(GB 3095)限值进行比较。

11.4.1 施工期的防治措施有:限期清理建筑垃圾、保持工程运输通道清洁、建材堆场遮蔽挡风、洒水保湿等。

11.4.2 运营期可选择的环境空气防治措施有:

1 限速等交通管制措施。

2 对服务区、管理所等设施的锅炉排气以及烟囱高度等提出要求。

3 变更局部路线走向、绿化等工程措施。

12　事故污染风险分析

12.0.1　本规范主要考虑的是与项目联系在一起的突发性灾难运输事故,此处所指的危险化学品主要是指毒性大、易于在空气中挥发或进入水体并且在环境中不易自然降解的化学物品,不包括放射性和易燃易爆危险货物。对于工程质量范畴的工程安全分析,如隧道的救灾防灾不属于本规范评价内容。也不适用于在工作场所(如收费亭)长期暴露于恶劣环境下的人体健康风险评价。

危险化学品运输事故不仅可导致人员伤亡,同时也可能对路域环境产生重大影响,因此,应进行事故污染风险分析。

在公路运输过程中,由于车辆的移动性和货物种类多样性,事故发生地点和泄漏物质均为不确定。这与我们分析化工厂和核设施等固定装置的事故风险是不同的。后者事故发生时通常有一定的征兆和发生过程,因此对事故有可控制性,其泄漏量一般较大。公路危险化学品运输事故特点是难以预防。由于单车装载的货物总量有限,其泄漏量一般较小。

对于易燃易爆危险品运输,一旦发生很难及时扑救,其后果通常表现为有限的人员伤亡和财产损失,一般不对环境造成影响。因此,对这类运输事故不予更多的讨论。

对运输有毒气体的车辆泄漏事故,因其排放总量小,只要人员及时撤离到一定的距离就可避免伤亡。对已排泄到空气中的有毒气体则无处理办法。

对于环境风险最大的是有毒有害物质进入地表水体,尤其是敏感水体。因此,对其应进行重点分析。

由于公路危险化学品运输的事故发生地点及污染物种类的不确定性,对其进行事故概率分析无实际意义,因此,不要求进行事故概率计算,而应着重对敏感路段防范措施和应急计划进行分析。

12.0.2　由于前述对运输危险化学品车辆发生事故的不可预测性,因此应对公路全线对环境比较敏感的路段进行筛选和确定,并根据项目所在区域的生态环境情况,包括水体、路域生态特征和气象特征、社会经济状况、城镇及人口分布等,确定事故风险分析的敏感路段,并对各敏感路段在遭受危险化学品运输事故时可能产生的事故后果进行分析,确定其危害影响的程度。通常主要是针对对事故后果比较敏感的路段,如跨越敏感水体的桥梁、中隧道以上隧道、傍水库、湖泊、河流路段及其他有特殊要求的路段。

12.0.3　对敏感路段,必须结合工程已有的设计方案分析其防范和减缓事故后果的有效性,必要时提出工程防范措施。对跨越敏感水体的桥梁,应分析其护栏对车辆的抗冲击能力,确保运输危险化学品车辆不能倾入或掉入水体;同时要保证在桥面洒落的有毒物质不会直接进入水体。对有特殊要求的保护区,可在适当地点设置禁止危险品车辆行驶标志牌,确保其不进入敏感地区等。对弯多坡急或有其他特殊情况的路段,可设置在恶劣气候条件下禁止危险品车辆行驶标志牌。

12.0.4 制定风险管理对策与应急计划的法规依据主要有:

1 国务院《危险化学品安全管理条例》;
2 公安部《易燃易爆化学物品消防安全监督管理办法》;
3 《危险货物运输包装通用技术条件》(GB 12463);
4 《道路运输危险货物车辆标志》(GB 13392);
5 交通部《道路危险货物运输管理规定》;
6 《汽车运输危险货物规则》(JT 617);
7 地方政府制定的道路危险货物运输管理规定。

附录 B 公路建设项目环境保护投资项目及环保投资估算指标

表 B.0.1 根据交通部前期工作项目(计 97—006)《公路交通行业环境保护投资界定》课题研究成果和近期相关工作发展确定。

《公路交通行业环境保护投资界定》课题研究目的在于界定公路交通行业环境保护投入的范围,统一本行业环境保护投入的统计口径。由于原《环评规范》中对于现行公路工程项目没有明确统一、完善的环保设施及投资划分的规定,因此,不同的评价单位对于公路建设项目环境影响报告书中应包括哪些环保设施及投资项目经常出现不同的划分。由于缺乏这种统一的尺度,导致从项目投资角度难以反映该公路项目对环境保护的投入或重视程度。

国务院环境保护委员会、国家计委 1987 年颁布的《建设项目环境保护设计规定》中明确规定:"环境保护设施按下列原则划分:(一)凡属污染治理和保护环境所需的装备、设备、监测手段和工程设施等均属环境保护设施;(二)生产需要又为环境保护服务的设施;(三)外排废弃物的运载设施、回收及综合利用设施、堆存场地的建设和征地费用列入生产投资,但为了保护环境所采取的防粉尘飞扬,防渗漏措施以及绿化设施所需的资金属于环境保护投资"。对以上原则的(一)、(三)两条,目前大家都已取得共识,但对其中的第(二)条原则"生产需要又为环境保护服务的设施"划归为环保设施则有不同见解。

对公路建设项目设计文件和环境影响报告书而言,前者是安排建设项目、组织施工、竣工验收和控制投资的重要依据,如严格按照第(二)条原则来划分,则许多公路主体工程如桥梁、涵洞、互通立交、跨线桥、渡槽、路基防护与排水、沿线设施等大多也属于环保设施,这样公路建设的投资几乎 80%～90% 属于环保投资,而这些工程已经在设计文件中作为公路主体工程自成体系,将它们的投资在设计文件中划分为环保投资显然是不切合实际的;而后者环境影响报告书,其主要目的是定性或定量地描述、预测和评价建设项目对社会、经济、自然、生态环境的现状和未来影响的范围和程度,为减轻公害和优化环境,在工程的环保设计方面提出建议并为环保措施的选择与实施提供参考,显然环境影响报告书中突出强调的是环境保护,因此,它所包含的环保设施范围必将大于设计文件中的范围。综上所述,对于公路建设项目设计文件和环境影响报告书中的环保投资必须分别加以界定。

根据环境保护工作贯穿项目始终的要求,在环境影响报告书中还需反映部分在运营期的环保费用,而根据《公路基本建设工程概、预算编制办法》,运营期发生的费用不属于建设投资的范畴。

附录中的投资数据可以根据表 B.1 在项目的初步设计文件中得到反映或归集。

表 B.1 环保投资项目计列说明

序号	投 资 项 目	计 列 说 明
一、	环境污染治理投资	
1	声环境污染治理	
1.1	声屏障(含环境设施带)	初步设计文件中的《环境保护》篇章
1.2	围墙	初步设计文件中的《环境保护》篇章
1.3	建筑物封闭外廊	初步设计文件中的《环境保护》篇章
1.4	隔声窗	初步设计文件中的《环境保护》篇章
1.5	低噪声路面	初步设计文件中的《路基、路面及排水》篇章
1.6	防噪林带	初步设计文件中的《环境保护》篇章中的绿化工程
1.7	建筑物拆迁	初步设计文件中的《路线》篇章
1.8	专设的限速、禁鸣标志等	初步设计文件中的《交通工程及沿线设施》篇章
2	振动治理	初步设计文件中的《环境保护》篇章
2.1	减振沟	初步设计文件中的《环境保护》篇章
3	环境空气污染治理	
3.1	附属设施锅炉烟尘、餐饮油烟处理设施	在初步设计文件中的《交通工程及沿线设施》篇章,按购置费和安装费分别计列,不计运营费用
3.2	收费亭、隧道强制通风设备	分列初步设计文件中的《隧道》、《交通工程及沿线设施》篇章,按购置费和安装费计列,不计运营费用
3.3	防护林带	设计文件中的《环境保护》篇章的绿化工程
3.4	施工期降尘措施	在工程费中列支
3.5	建筑物拆迁	初步设计文件中的《路线》篇章
4	地表水污染环境治理	
4.1	附属设施污水处理设施	初步设计文件中的《交通工程及沿线设施》篇章的服务设施、管理养护设施中计列
4.2	施工期生产和生活废水处置	在初步设计概算的现场管理费中综合考虑
4.3	路面汇水集中处理设施	初步设计文件中的《路基、路面及排水》篇章的排水设施中计列
二、	生态环境保护投资	
1	绿化美化工程	设计文件中的《环境保护》篇章的绿化工程
2	对湿地、草原、草场的保护工程(或置换工程)	设计文件中的《渡口码头及其他工程》篇章中其他工程项目计列
3	公路经过渔业养殖水域所采取的防护措施	防护措施在防护工程计列,给予渔民的渔业资源补偿费用及给渔民的直接补偿费用在工程建设费用中拆迁补偿费和安置补偿费中计列
4	公路经过自然保护区所采取的特殊工程措施	视项目情况分别在设计文件中的《路线》、《路基、路面及排水》和《环境保护》等篇章计列
5	保护沿线土地资源措施	视项目情况分别在设计文件中的《路基、路面及排水》篇章计列

序号	投 资 项 目	计 列 说 明
6	取弃土(含石方)场所生态恢复和水保措施	视项目情况分别在设计文件中的《路基、路面及排水》和《环境保护》篇章计列,归集在工程建设其他费用中的土地补偿费中
三、	社会经济环境保护投资	
1	通道和人行桥工程	设计文件中的《路线交叉》篇章计列
2	为保护人文景观、历史遗产所采取的措施	视项目情况分别在设计文件中的《路线》、《路基、路面及排水》和《环境保护》等篇章计列,归集在工程费和工程建设其他费用中
3	危险化学品运输事故的防范措施	视项目情况分别在设计文件中的《路线》、《路基、路面及排水》、《桥梁、涵洞》和《环境保护》等篇章计列,防护费用,监控设备购置及安装费用在交通工程监控设施中计列,运行费用不属于建设费用不予列入
4	工程拆迁及安置费用	设计文件中的《路线》篇章计列,归集在工程建设其他费用中的拆迁补偿费和安置补助费中
5	为补偿因公路建设所占用水源(特别是农村的饮用水源)的供水工程费用	在设计文件中的《渡口码头及其他工程》篇章计列,归集在工程费和工程建设其他费用中的拆迁补偿费和安置补助费中
四、	环境管理及其科技投资	
1	专设监测站的基建费、仪器设备费、装备费等	设计文件中的《交通工程及沿线设施》篇章
2	项目环境保护专业人员及监理工程师等的技术培训费	设计文件中的环保篇章
3	环境监测费用	设计文件中的《环境保护》篇章,施工期监测可归集在工程建设其他费用中,运营期费用不属于建设费用,应在通行费中列支
4	项目环境保护工作人员的薪酬及办公经费	不属于建设费用,应在通行费中列支
5	环境工程(设施)维护和运营费用	设计文件中的环保篇章
五、	环境保护税费项目	全部归集在设计文件中概算表的工程建设其他费用中
1	水土保持补偿费	计列
2	造林费、林地补偿费	计列
3	耕地费、造地费	计列
4	矿产资源税	计列
5	文物勘察费、文物挖掘保护费	计列
6	渔业资源保护费	计列
	……	

附录 C　公路交通噪声预测

C.1　公路交通噪声预测模式参数选择

在《公路建设项目环境影响评价规范》修订的过程中,修订组选取了 10 处公路,进行了车辆的参考能量平均辐射声级、车速、车流量的同步现场测试,获得配套源强数据:小车997 组,中车 448 组,大车 486 组;车速和车流量的大、中、小车型对应配套数据均大于 1900组;并在以上公路进行了交通噪声随距离衰减规律的测试、地面吸收系数研究测试、高路堤路肩对公路交通噪声衰减影响的测试、住房建筑的朝向对公路交通噪声衰减影响的测试等。结合上述实测,并在对包括原规范预测模式在内的三种交通噪声预测模式进行对比分析基础上提出了此公路交通噪声预测模式。

公路交通噪声预测公式中各参数,是通过大量调查、监测与试验确定的。其依据如下:

1　车速计算公式是根据《公路交通能力研究》课题大量实测数据,进行统计回归分析而得。当设计车速小于 120km/h,公式计算平均车速按比例递减。

但由于路况、车型等诸多因素影响,确定准确的车速很困难。因此,公式确定的车速只是统计的"中值",在具体项目环评中,如条件许可,也可以根据邻近地区相似公路车辆运行状况调查后确定。

2　i 类车辆的参考能量平均辐射声级 L_{0i}。选择有代表性的大、中、小三类公路行驶车辆,在已建成的高速公路和普通公路,进行大量数据测试来研究车外噪声与行驶速度之间的关系,进行统计回归分析而得。分析结论证实,噪声值与车速对数的线性相关性很好,各类车辆回归方程中相关系数都远大于其临界相关系数(见表 C.1),详见专题研究报告。

表 C.1　我国机动车辆噪声与车速的对数线性回归分析

车　型	L 回归方程(dB)	采样数量 n	相关系数 r	剩余标准差 s(dB)
小型车	$L_{0S} = 12.6 + 34.73 \lg V_S$	997	0.6252	2.9
中型车	$L_{0M} = 8.8 + 40.48 \lg V_M$	448	0.4646	2.5
大型车	$L_{0L} = 22.0 + 36.32 \lg V_L$	486	0.2433	2.6

3　公路交通噪声距离衰减量 $\Delta L_{距离}$ 的计算方法,是对我国 11 条高速公路、一级汽车专用公路和一、二级公路进行测试研究(原规范编写组进行)和本次修订进行的 10 条公路的一系列现场测试,并参考美国、日本的公路交通噪声预测模式,在大量交通噪声预测数据验证经验的基础上确定的。

在进行 r 的计算时,需注意到:当公路上下行车流量比偏离 1.0 时,实际等效行车道中线的位置也将有相应的变化。当近车道行驶的车流量占双向车流量比例大于 0.5 时,实际等效行车道中线的位置将向靠近预测点偏移,r 也相应减小;反之则远离,r 也相应加大;当双向车流量比值偏离 1.0 较小时,这一变化可忽略不记。在进行公路交通噪声预测时,通常假定车流量是均匀分布的。

地面吸收声衰减量 $\Delta L_{地面}$ 采用的是《声学 户外声传播的衰减 第 2 部分:一般计算方法》(GB/T 17247.2)的计算方法。

4 公路纵坡引起的交通噪声修正量 $\Delta L_{纵坡}$ 是根据《交通噪声及其控制》和《道路交通环境工程》提供的数据。

5 公路路面引起的交通噪声修正量 $\Delta L_{路面}$,是根据我国沥青混凝土路面和水泥混凝土路面公路两侧交通噪声测试数据,并参考国外资料确定的。

6 公路弯曲或有限长路段引起的交通噪声修正量 ΔL_1 的计算方法是参照国外资料和国内研究资料而确定的。

7 公路与预测点之间障碍物对噪声传播的障碍衰减量 $\Delta L_{障碍物}$ 的计算是分别参照国外资料和国内研究资料而定的。当噪声源发出的声波遇到障碍物时,它将沿着三条路径传播:一部分越过障碍顶端绕射到达受声点;一部分穿透障碍物到达受声点;一部分在障碍物面上产生反射。对于树木、房屋等产生的障碍衰减量的计算非常复杂,本规范采用的是简化后的经验值,会生产一定的偏差。路基和路堑生产的 $\Delta L_{声影区}$ 计算也很复杂,本规范采用的绕射声衰减量计算公式是假定公路声源为一无限长不相干线声源时确定的,详细的计算可参见《声屏障声学设计和测量规范》(HJ/T 90)。

8 车辆单车噪声源强计算适用车速条件:
1) 小型车为 63 ~ 140km/h。
2) 中型车为 53 ~ 100km/h。
3) 大型车为 48 ~ 90km/h。

C.2 高架道路和立交区交通噪声预测

高架道路噪声预测不考虑地面吸收的影响,若要分横向预测和纵向预测,即考虑距离和高度预测时,采用二维预测。环境敏感点在地面时,加上防撞护栏的修正量;环境敏感点为高层建筑时,做二维曲线分布预测。

立交区噪声预测主要提供思路和预测的理论原理,具体方法需在以后工作中完善。